RAPHAEL'S ASTRONOMICAL

Ephemeris of the Planets' Places

for 2009

A Complete Aspectarian

✳ Mean Obliquity of the Ecliptic, 2009, 23° 26′ 17″

INTRODUCTION

Greenwich Mean Time (G.M.T.) has been used as the basis for all tabulations and times. The tabular data are for Greenwich Mean Time 12h., except for the Moon tabulations headed 24h. All phenomena and aspect times are now in G.M.T. To obtain Local Mean Time of aspect, add the time equivalent of the longitude if East and subtract if West.

Both in the Aspectarian and the Phenomena the 24-hour clock replaces the old a.m./p.m. system.

The zodiacal sign entries are now incorporated in the Aspectarian as well as being given in a separate table.

BRITISH SUMMER TIME

British Summer Time begins on March 29 and ends on October 25. When *British Summer Time* (one hour in advance of G.M.T.) is used, subtract one hour from B.S.T. before entering this Ephemeris.

These dates are believed to be correct at the time of printing.

Printed in Great Britain

© Strathearn Publishing Ltd. 2008

ISBN 978-0-572-03404-7

Published by

LONDON: W. FOULSHAM & CO. LTD.

BENNETTS CLOSE, SLOUGH, BERKS. ENGLAND

NEW YORK   TORONTO   CAPE TOWN   SYDNEY

NEW MOON – Jan.26,07h.55m. (6°♒30′)

D M	D W	Sidereal Time	☉ Long.	☉ Dec.	☽ Long.	☽ Lat.	☽ Dec.	☽ Node	24h. ☽ Long.	☽ Dec.
		h m s	° ′ ″	° ′	° ′ ″	° ′	° ′	° ′	° ′ ″	° ′
1	Th	18 45 05	11 ♑ 12 35	22 S 58	5 ♓ 55 04	2 N20	7 S 10	10 ♒ 56	12 ♓ 07 26	4 S 24
2	F	18 49 01	12 13 45	22 53	18 23 46	3 18	1 S 33	10 53	24 44 31	1 N 20
3	S	18 52 58	13 14 55	22 47	1 ♈ 10 11	4 07	4 N 15	10 50	7 ♈ 41 13	7 09
4	Su	18 56 54	14 16 05	22 41	14 18 02	4 45	10 01	10 46	21 00 58	12 49
5	M	19 00 51	15 17 14	22 34	27 50 20	5 09	15 30	10 43	4 ♉ 46 15	18 02
6	T	19 04 47	16 18 23	22 27	11 ♉ 48 48	5 15	20 22	10 40	18 57 50	22 26
7	W	19 08 44	17 19 32	22 19	26 13 05	5 02	24 11	10 37	3 ♊ 34 03	25 34
8	Th	19 12 40	18 20 40	22 11	11 ♊ 00 05	4 29	26 31	10 34	18 30 19	27 00
9	F	19 16 37	19 21 48	22 02	26 03 46	3 37	26 59	10 31	3 ♋ 39 17	26 28
10	S	19 20 34	20 22 56	21 54	11 ♋ 15 39	2 29	25 26	10 27	18 51 36	23 56
11	Su	19 24 30	21 24 03	21 44	26 25 52	1 N11	22 01	10 24	3 ♌ 57 16	19 45
12	M	19 28 27	22 25 10	21 35	11 ♌ 24 44	0 S 12	17 10	10 21	18 47 20	14 22
13	T	19 32 23	23 26 16	21 24	26 04 16	1 32	11 23	10 18	3 ♍ 14 59	8 19
14	W	19 36 20	24 27 22	21 14	10 ♍ 19 03	2 44	5 N 11	10 15	17 16 17	2 N 02
15	Th	19 40 16	25 28 28	21 03	24 06 36	3 44	1 S 05	10 11	0 ♎ 50 05	4 S 08
16	F	19 44 13	26 29 34	20 51	7 ♎ 26 59	4 29	7 05	10 08	13 57 36	9 54
17	S	19 48 09	27 30 40	20 40	20 22 20	5 00	12 35	10 05	26 41 39	15 06
18	Su	19 52 06	28 31 45	20 27	2 ♏ 56 04	5 15	17 25	10 02	9 ♏ 06 08	19 32
19	M	19 56 03	29 ♑ 32 50	20 15	15 12 23	5 15	21 15	9 59	15 23 23	23 04
20	T	19 59 59	0 ♒ 33 55	20 02	27 15 39	5 02	24 26	9 56	3 ♐ 13 45	25 33
21	W	20 03 56	1 35 00	19 48	9 ♐ 10 10	4 35	26 21	9 52	15 05 23	26 52
22	Th	20 07 52	2 36 04	19 35	20 59 51	3 57	27 05	9 49	26 54 00	26 58
23	F	20 11 49	3 37 07	19 21	2 ♑ 48 13	3 09	26 34	9 46	8 ♑ 42 51	25 51
24	S	20 15 45	4 38 10	19 06	14 38 14	2 13	24 50	9 43	20 34 40	23 33
25	Su	20 19 42	5 39 12	18 51	26 32 25	1 10	22 00	9 40	2 ♒ 31 43	20 12
26	M	20 23 38	6 40 13	18 36	8 ♒ 32 49	0 S 04	18 11	9 37	14 35 54	15 59
27	T	20 27 35	7 41 14	18 21	20 41 13	1 N 03	13 36	9 33	26 48 56	11 04
28	W	20 31 32	8 42 13	18 05	2 ♓ 59 15	2 08	8 25	9 30	9 ♓ 12 22	5 S 40
29	Th	20 35 28	9 43 12	17 49	15 28 28	3 08	2 S 50	9 27	21 47 47	0 N 02
30	F	20 39 25	10 44 09	17 33	28 10 30	4 00	2 N 56	9 24	4 ♈ 36 51	5 50
31	S	20 43 21	11 ♒ 45 05	17 S 16	11 ♈ 07 03	4 N 40	8 N 42	9 ♒ 21	17 ♈ 41 17	11 N 29

D M	Mercury Lat	Mercury Dec		Venus Lat	Venus Dec		Mars Lat	Mars Dec		Jupiter Lat	Jupiter Dec
	° ′	° ′	° ′	° ′	° ′	° ′	° ′	° ′	° ′	° ′	° ′
1	1 S 30	21 S 36	21 S 11	1 S 27	13 S 36	13 S 10	0 S 42	24 S 05	24 S 04	0 S 25	20 S 45
3	1 12	20 46	20 21	1 19	12 43	12 16	0 43	24 03	24 02	0 25	20 40
5	0 49	19 55	19 30	1 10	11 49	11 21	0 44	24 00	23 58	0 25	20 34
7	0 S 22	19 05	18 41	1 01	10 54	10 26	0 45	23 56	23 53	0 25	20 28
9	0 N 09	18 18	17 57	0 52	9 58	9 30	0 46	23 50	23 47	0 25	20 22
11	0 43	17 38	17 21	0 41	9 02	8 33	0 47	23 44	23 40	0 25	20 16
13	1 21	17 07	16 55	0 31	8 05	7 36	0 48	23 36	23 32	0 26	20 10
15	1 58	16 47	16 42	0 19	7 08	6 39	0 49	23 28	23 23	0 26	20 04
17	2 32	16 39	16 40	0 S 07	6 10	5 41	0 50	23 18	23 13	0 26	19 58
19	3 01	16 43	16 49	0 N 05	5 13	4 44	0 51	23 08	23 02	0 26	19 51
21	3 21	16 57	17 06	0 18	4 15	3 46	0 52	22 56	22 50	0 26	19 45
23	3 31	17 16	17 28	0 32	3 17	2 48	0 53	22 44	22 37	0 26	19 38
25	3 32	17 40	17 52	0 46	2 20	1 51	0 54	22 30	22 23	0 27	19 32
27	3 24	18 05	18 17	1 01	1 22	0 S 54	0 55	22 15	22 08	0 27	19 25
29	3 09	18 29	18 S 41	1 16	0 S 25	0 N 03	0 55	22 00	21 S 52	0 27	19 18
31	2 N 51	18 S 52		1 N 32	0 N 31		0 S 56	21 S 43		0 S 27	19 S 11

FIRST QUARTER – Jan. 4,11h.56m. (14°♈16′)

FULL MOON–Jan.11,03h.27m. (21°♋02′)

D M	☿ Long.	♀ Long.	♂ Long.	♃ Long.	♄ Long.	♅ Long.	♆ Long.	♇ Long.
	° ′	° ′	° ′	° ′	° ′	° ′	° ′	° ′
1	0♒07	27♒48	3♑54	29♑02	21♍46	19♓15	22♒27	1♑16
2	1 21	28 53	4 39	29 16	21R 46	19 17	22 29	1 19
3	2 30	29♒58	5 24	29 30	21 46	19 19	22 31	1 21
4	3 35	1♓03	6 10	29 44	21 45	19 20	22 32	1 23
5	4 34	2 08	6 55	29♑58	21 45	19 22	22 34	1 25
6	5 27	3 12	7 40	0♒12	21 44	19 24	22 36	1 27
7	6 13	4 16	8 26	0 26	21 44	19 26	22 38	1 29
8	6 50	5 20	9 11	0 40	21 43	19 28	22 40	1 32
9	7 19	6 23	9 57	0 54	21 42	19 30	22 42	1 34
10	7 37	7 26	10 42	1 08	21 41	19 32	22 44	1 36
11	7 45	8 29	11 28	1 22	21 40	19 35	22 46	1 38
12	7R 42	9 31	12 13	1 36	21 38	19 37	22 48	1 40
13	7 26	10 33	12 59	1 50	21 37	19 39	22 50	1 42
14	6 59	11 35	13 45	2 04	21 36	19 41	22 52	1 44
15	6 21	12 36	14 30	2 18	21 34	19 43	22 54	1 46
16	5 32	13 36	15 16	2 32	21 33	19 46	22 56	1 48
17	4 33	14 37	16 02	2 47	21 31	19 48	22 58	1 50
18	3 26	15 36	16 48	3 01	21 29	19 51	23 01	1 52
19	2 13	16 36	17 34	3 15	21 27	19 53	23 03	1 54
20	0♒57	17 35	18 20	3 29	21 25	19 56	23 05	1 56
21	29♑39	18 33	19 06	3 43	21 23	19 58	23 07	1 58
22	28 23	19 31	19 52	3 58	21 21	20 01	23 09	2 00
23	27 10	20 28	20 38	4 12	21 18	20 03	23 11	2 02
24	26 01	21 25	21 24	4 26	21 16	20 06	23 13	2 04
25	25 00	22 21	22 10	4 40	21 13	20 08	23 16	2 06
26	24 06	23 17	22 56	4 54	21 11	20 11	23 18	2 08
27	23 21	24 12	23 42	5 09	21 08	20 14	23 20	2 10
28	22 44	25 06	24 28	5 23	21 05	20 17	23 22	2 12
29	22 17	26 00	25 14	5 37	21 02	20 19	23 24	2 13
30	21 58	26 53	26 01	5 51	20 59	20 22	23 27	2 15
31	21♑47	27♓45	26♑47	6♒05	20♍56	20♓25	23♒29	2♑17

D M	Lunar Aspects ☉	☿	♀	♂	♃	♄	♅	♆	♇
1	⚹			⚹					⚹
2		∠			∠	☍	☌	⚺	
3		⚹	⚺	□	⚹			∠	□
4	□		∠				⚺		
5			⚹		□		∠	⚹	△
6	△	□		△		⚼			⚼
7	⚼			⚼	△	△	⚹	□	
8		△	□		⚼				
9		⚼				□	□	△	☍
10			△	☍				⚼	
11	☍		⚼		☍	⚹	△		
12		☍				∠	⚼		⚼
13				⚼		⚺		☍	△
14	⚼		☍	△	⚼				
15	△	⚼				☌	☍		
16		△			△			⚼	□
17				□		⚺		△	
18	□	□	⚼		□	∠	⚼		⚹
19			△	⚹			△		∠
20	⚹	⚹				⚹		□	⚺
21		∠		∠	⚹				
22	∠		□	⚺	∠	□	□	⚹	
23	⚺	⚺			⚺			∠	☌
24							⚹		
25		☌	⚹	●		△		⚺	⚺
26	●		∠		●	⚼	∠		
27		⚺	⚺	⚺			⚺	☌	∠
28		∠			⚺				⚹
29	⚺			∠	∠	☍	☌		
30	∠	⚹	☌	⚹				⚺	□
31	⚹				⚹			∠	

D M	Saturn Lat.	Saturn Dec.	Uranus Lat.	Uranus Dec.	Neptune Lat.	Neptune Dec.	Pluto Lat.	Pluto Dec.
	° ′	° ′	° ′	° ′	° ′	° ′	° ′	° ′
1	2N03	5N09	0S45	4S57	0S21	14S22	5N41	17S45
3	2 04	5 10	0 45	4 55	0 21	14 21	5 41	17 45
5	2 04	5 10	0 45	4 54	0 21	14 19	5 41	17 45
7	2 05	5 11	0 45	4 52	0 21	14 18	5 41	17 45
9	2 05	5 13	0 45	4 51	0 21	14 17	5 41	17 45
11	2 06	5 14	0 45	4 49	0 21	14 16	5 41	17 45
13	2 06	5 15	0 45	4 47	0 21	14 14	5 41	17 45
15	2 07	5 17	0 45	4 45	0 21	14 13	5 41	17 45
17	2 07	5 19	0 45	4 43	0 21	14 12	5 41	17 45
19	2 08	5 21	0 45	4 41	0 21	14 10	5 41	17 45
21	2 08	5 23	0 44	4 39	0 21	14 09	5 41	17 45
23	2 09	5 25	0 44	4 37	0 21	14 07	5 41	17 45
25	2 09	5 28	0 44	4 35	0 21	14 06	5 41	17 45
27	2 10	5 30	0 44	4 33	0 21	14 05	5 41	17 45
29	2 10	5 33	0 44	4 31	0 21	14 03	5 41	17 45
31	2N11	5N36	0S44	4S28	0S21	14S02	5N41	17S44

Mutual Aspects

2 ☿⚺♇. ♀⚺♃.
3 ☿ ∥ ♃. 4 ♀⚹♇.
5 ☿∠♅.
6 ☉⊥♆. ♂Q♅. ♂∠♆.
8 ☿⚼♄. 9 ☉⚹♅.
10 ☿⚺♀. ☿⊥♇. ♀⊥♃.
11 ☉△♄. ☿ ∥ ♇. ☿ Stat.
12 ☉⚺♆. ☿⊥♇. ♃⚺♇.
15 ☿⊥♀. ☿⚼♄.
16 ♀Q♇. 17 ☿∠♅.
18 ☿☌♃. ♂⊥♆.
19 ☿∠♀. ☿⚺♇. ♀#♄.
20 ☉☌☿. ♀ ∥ ♅.
21 ☉⚺♇. ♀∠♃. ☉ ∥ ♃.
22 ♂⚹♅. 23 ♀☌♅.
24 ☉☌♃. ☉∠♅. ♀⚹♂. ♀☍♄. ♂△♄.
25 ☿ ∥ ♇.
26 ☉⚼♄. ☿⚹♀. ♀⚺♆. ♂⚺♆.
27 ☉⊥♇. ☿☌♂. ☿⚺♆. ♃∠♅.
28 ☉ ∥ ☿. 29 ☉ ∥ ♇.
30 ♃⚼♄.

LAST QUARTER–Jan.18,02h.46m. (28°♎08′)

4						FEBRUARY		2009			[RAPHAEL'S

D	D	Sidereal	⊙	⊙	☽	☽	☽	☽	24h.	
M	W	Time	Long.	Dec.	Long.	Lat.	Dec.	Node	☽ Long.	☽ Dec.

		h m s	° ′ ″	° ′	° ′ ″	° ′	° ′	° ′	° ′ ″	° ′
1	Su	20 47 18	12 ≈ 46 00	16 S 59	24 ♈ 19 46	5 N07	14 N11	9 ≈ 17	1 ♉ 02 41	16 N45
2	M	20 51 14	13 46 53	16 41	7 ♉ 50 11	5 17	19 07	9 14	14 42 20	21 17
3	T	20 55 11	14 47 45	16 24	21 39 13	5 10	23 10	9 11	28 40 46	24 44
4	W	20 59 07	15 48 36	16 06	5 ♊ 46 54	4 44	25 56	9 08	12 ♊ 57 22	26 43
5	Th	21 03 04	16 49 25	15 48	20 11 50	4 00	27 04	9 05	27 29 53	26 57
6	F	21 07 01	17 50 13	15 29	4 ♋ 50 56	3 00	26 21	9 02	12 ♋ 14 17	25 17
7	S	21 10 57	18 51 00	15 10	19 39 11	1 47	23 46	8 58	27 04 45	21 51
8	Su	21 14 54	19 51 45	14 51	4 ♌ 30 05	0 N27	19 34	8 55	11 ♌ 54 12	16 59
9	M	21 18 50	20 52 28	14 32	19 16 11	0 S 55	14 10	8 52	26 35 06	11 10
10	T	21 22 47	21 53 10	14 13	3 ♍ 50 08	2 12	8 03	8 49	11 ♍ 00 32	4 N52
11	W	21 26 43	22 53 51	13 53	18 05 41	3 19	1 N39	8 46	25 05 05	1 S 31
12	Th	21 30 40	23 54 31	13 33	1 ≏ 58 23	4 12	4 S 38	8 43	8 ≏ 45 24	7 39
13	F	21 34 36	24 55 09	13 13	15 26 06	4 50	10 32	8 39	22 00 31	13 14
14	S	21 38 33	25 55 46	12 53	28 28 53	5 11	15 46	8 36	4 ♏ 51 29	18 05
15	Su	21 42 30	26 56 23	12 32	11 ♏ 08 44	5 16	20 10	8 33	17 21 05	22 01
16	M	21 46 26	27 56 57	12 11	23 29 03	5 06	23 35	8 30	29 33 13	24 53
17	T	21 50 23	28 57 31	11 50	5 ♐ 34 10	4 43	25 53	8 27	11 ♐ 32 31	26 35
18	W	21 54 19	29 ≈ 58 04	11 29	17 28 52	4 08	26 58	8 23	23 23 52	27 03
19	Th	21 58 16	0)(58 35	11 08	29 18 05	3 23	26 49	8 20	5 ♑ 12 06	26 17
20	F	22 02 12	1 59 05	10 46	11 ♑ 06 30	2 29	25 27	8 17	17 01 47	24 20
21	S	22 06 09	2 59 33	10 24	22 58 27	1 28	22 56	8 14	28 56 57	21 17
22	Su	22 10 05	4 00 00	10 03	4 ≈ 57 40	0 S 24	19 24	8 11	11 ≈ 00 57	17 19
23	M	22 14 02	5 00 26	9 41	17 07 08	0 N43	15 01	8 08	23 16 25	12 33
24	T	22 17 59	6 00 50	9 18	29 29 02	1 49	9 57	8 04	5)(45 06	7 13
25	W	22 21 55	7 01 12	8 56	12)(04 42	2 51	4 S 24	8 01	18 27 54	1 S 31
26	Th	22 25 52	8 01 32	8 34	24 54 41	3 45	1 N25	7 58	1 ♈ 25 00	4 N21
27	F	22 29 48	9 01 51	8 11	7 ♈ 58 48	4 28	7 16	7 55	14 35 57	10 08
28	S	22 33 45	10)(02 08	7 S 48	21 ♈ 16 22	4 N58	12 N54	7 ≈ 52	27 ♈ 59 54	15 N32

D		Mercury			Venus			Mars			Jupiter	
M	Lat.		Dec.	Lat.		Dec.		Lat.		Dec.	Lat.		Dec.

	° ′	° ′	° ′	° ′	° ′	° ′	° ′	° ′	° ′	° ′	° ′	° ′
1	2 N41	19 S 02	19 S 12	1 N 40	0 N59	1 N27	0 S 57	21 S 35	21 S 26	0 S 27	19 S 08
3	2 19	19 21	19 29	1 57	1 54	2 22	0 57	21 17	21 07	0 27	19 01
5	1 56	19 37	19 43	2 14	2 49	3 16	0 58	20 58	20 48	0 28	18 54
7	1 33	19 48	19 52	2 32	3 42	4 09	0 59	20 38	20 27	0 28	18 47
9	1 10	19 56	19 58	2 50	4 35	5 00	1 00	20 17	20 06	0 28	18 40
11	0 48	19 59	19 58	3 09	5 25	5 50	1 00	19 55	19 44	0 28	18 33
13	0 27	19 57	19 54	3 28	6 15	6 39	1 01	19 33	19 21	0 28	18 26
15	0 N07	19 50	19 45	3 47	7 03	7 26	1 02	19 09	18 57	0 29	18 18
17	0 S 12	19 39	19 31	4 07	7 49	8 11	1 02	18 45	18 33	0 29	18 11
19	0 29	19 22	19 12	4 27	8 33	8 54	1 03	18 20	18 07	0 29	18 04
21	0 46	19 01	18 48	4 48	9 15	9 35	1 04	17 54	17 41	0 29	17 57
23	1 01	18 34	18 19	5 08	9 54	10 12	1 04	17 28	17 14	0 30	17 49
25	1 15	18 02	17 44	5 29	10 30	10 47	1 05	17 01	16 47	0 30	17 42
27	1 28	17 25	17 05	5 50	11 04	11 19	1 05	16 33	16 19	0 30	17 35
29	1 39	16 43	16 S 20	6 10	11 33	11 N47	1 06	16 04	15 S 50	0 30	17 27
31	1 S 48	15 S 56		6 N 30	12 N00		1 S 06	15 S 35		0 S 31	17 S 20

| EPHEMERIS] | | | | | FEBRUARY | 2009 | | | | | | | | | 5 |

D	☿	♀	♂	♃	♄	♅	♆	♇	Lunar Aspects									
M	Long.	Long.	Long.	Long.	Long.	Long.	Long.	Long.	☉	☿	♀	♂	♃	♄	♅	♆	♇
1	21ⅴ45	28✕37	27ⅴ33	6≈19	20♏53	20✕28	23≈31	2ⅴ19	□	⊻	□					⊻	✳
2	21D 50	29✕27	28 20	6 34	20R 50	20 31	23 33	2 21	□				□	⚹	∠		△
3	22 02	0♈17	29 06	6 48	20 46	20 34	23 36	2 22	△	∠				△	✳	□	⚹
4	22 21	1 06	29ⅴ52	7 02	20 43	20 37	23 38	2 24	⚹	✳	△	△					
5	22 46	1 54	0≈39	7 16	20 39	20 40	23 40	2 26	△			⚹	⚹	□	□	△	
6	23 17	2 42	1 25	7 30	20 36	20 43	23 42	2 27	⚹		□					⚹	♂
7	23 52	3 28	2 12	7 44	20 32	20 46	23 45	2 29		♂		♂	♂	✳	△		
8	24 32	4 13	2 58	7 58	20 28	20 49	23 47	2 31			△			∠	⚹		
9	25 17	4 58	3 45	8 12	20 25	20 52	23 49	2 32	♂		⚹			⊻		♂	⚹
10	26 05	5 41	4 31	8 26	20 21	20 55	23 52	2 34									△
11	26 57	6 23	5 18	8 40	20 17	20 58	23 54	2 36		⚹		⚹	⚹	♂	♂		
12	27 52	7 04	6 04	8 54	20 13	21 01	23 56	2 37		△	♂	△					□
13	28 50	7 44	6 51	9 08	20 09	21 04	23 58	2 39	⚹				△	⊻		⚹	
14	29ⅴ51	8 22	7 38	9 22	20 05	21 07	24 01	2 40	△	□						△	✳
15	0≈54	9 00	8 24	9 36	20 01	21 11	24 03	2 42				□	□	∠	⚹		
16	2 00	9 35	9 11	9 50	19 56	21 14	24 05	2 43	□		⚹			✳	△	□	∠
17	3 08	10 10	9 58	10 04	19 52	21 17	24 08	2 44		✳	△	✳	✳				⊻
18	4 18	10 43	10 45	10 18	19 48	21 20	24 10	2 46	∠					□	□		
19	5 30	11 15	11 31	10 31	19 43	21 24	24 12	2 47	✳			∠	∠			✳	♂
20	6 43	11 45	12 18	10 45	19 39	21 27	24 14	2 49	⊻	□	⊻	⊻				∠	
21	7 59	12 13	13 05	10 59	19 35	21 30	24 17	2 50	∠					△	✳	⊻	
22	9 16	12 40	13 52	11 13	19 30	21 33	24 19	2 51	⊻	•				⚹	∠		⊻
23	10 34	13 05	14 38	11 26	19 26	21 37	24 21	2 52			✳	♂	•		⊻		∠
24	11 54	13 28	15 25	11 40	19 21	21 40	24 23	2 54			∠					♂	✳
25	13 16	13 49	16 12	11 53	19 16	21 43	24 26	2 55	♂	⊻	⊻	⊻	⊻				
26	14 38	14 09	16 59	12 07	19 12	21 47	24 28	2 56	∠				∠	♂	♂	⊻	
27	16 02	14 26	17 46	12 20	19 07	21 50	24 30	2 57	⊻		•	∠	✳			∠	□
28	17≈28	14♈42	18≈33	12≈34	19♏02	21✕53	24≈32	2ⅴ58	∠	✳		✳			⊻	✳	

D	Saturn		Uranus		Neptune		Pluto		Mutual Aspects
M	Lat.	Dec.	Lat.	Dec.	Lat.	Dec.	Lat.	Dec.	
1	2N11	5N37	0S44	4S27	0S21	14S01	5N41	17S44	1 ☿ ∥ ♃. ☿ Stat.
3	2 11	5 40	0 44	4 25	0 21	14 00	5 41	17 44	2 ♀ ⊥ ♆.
5	2 12	5 43	0 44	4 23	0 21	13 58	5 41	17 44	3 ☉ ± ♄. ☉ ⊥ ♅.
7	2 12	5 47	0 44	4 20	0 21	13 57	5 41	17 44	5 ☉ ∠ ♀. ♄ ♂ ♅.
9	2 13	5 50	0 44	4 18	0 21	13 55	5 41	17 44	6 ☉ ∠ ♇. ♀ □ ♇.
									7 ☿ ⊻ ♆. ♂ ⊻ ♇.
11	2 13	5 53	0 44	4 15	0 21	13 54	5 41	17 44	8 ♀ ⚹ ♅.
13	2 13	5 57	0 44	4 13	0 21	13 52	5 41	17 44	9 ☉ ▽ ♄. ☉ ⊻ ♅.
15	2 14	6 00	0 44	4 10	0 22	13 51	5 41	17 44	11 ♂ □ ♄. ♃ ⊥ ♇. ☉ ∥ ♆. ☿ ∥ ♂.
17	2 14	6 04	0 44	4 08	0 22	13 49	5 41	17 43	12 ☿ ♂ ♆. ♂ ∠ ♅. ♀ ∥ ♄.
19	2 14	6 08	0 44	4 05	0 22	13 48	5 41	17 43	15 ♀ ∠ ♆. ♂ ⊥ ♇.
									17 ☿ ⊻ ♇. ♀ ✳ ♃. ♂ ♂ ♃.
21	2 15	6 11	0 44	4 02	0 22	13 46	5 42	17 43	18 ♂ □ ♄. ♀ ✳ ♂.
23	2 15	6 15	0 44	4 00	0 22	13 45	5 42	17 43	20 ☿ ∠ ♅.
25	2 15	6 19	0 44	3 57	0 22	13 43	5 42	17 43	21 ☉ ✳ ♇. ☿ ∥ ♃.
27	2 15	6 23	0 44	3 55	0 22	13 42	5 42	17 43	22 ☿ ⊥ ♇. ♂ ± ♄. ♂ ∥ ♇.
29	2 16	6 27	0 44	3 52	0 22	13 40	5 42	17 42	23 ☉ ⚹ ♀.
31	2N16	6N31	0S44	3S49	0S22	13S39	5N42	17S42	24 ☿ ♂ ♃. ♂ ⊥ ♅.
									25 ☿ ± ♄. ♃ ∥ ♇.
									26 ☉ ⊥ ♀. ☿ ✳ ♀. ☿ ∥ ♃. ☿ ∥ ♇.
									27 ☿ ⊥ ♅. ♂ ∠ ♇.
									28 ☿ ∠ ♇.

6					MARCH	2009				[RAPHAEL'S

D	D	Sidereal	☉	☉	☽	☽	☽	☽	24h.	
M	W	Time	Long.	Dec.	Long.	Lat.	Dec.	Node	☽ Long.	☽ Dec.
		h m s	° ′ ″	° ′	° ′ ″	° ′	° ′	° ′	° ′ ″	° ′
1	Su	22 37 41	11 ♓ 02 22	7 S 26	4 ♉ 46 26	5 N11	18 N00	7 ≈ 48	11 ♉ 35 50	20 N15
2	M	22 41 38	12 02 35	7 03	18 27 59	5 08	22 15	7 45	25 22 44	23 57
3	T	22 45 34	13 02 46	6 40	2 ♊ 19 59	4 46	25 18	7 42	9 ♊ 19 37	26 17
4	W	22 49 31	14 02 55	6 17	16 21 29	4 08	26 51	7 39	23 25 28	26 59
5	Th	22 53 28	15 03 02	5 53	0 ♋ 31 23	3 14	26 40	7 36	7 ♋ 39 01	25 55
6	F	22 57 24	16 03 06	5 30	14 48 08	2 07	24 43	7 33	21 58 26	23 08
7	S	23 01 21	17 03 08	5 07	29 09 32	0 N52	21 11	7 29	6 ♌ 21 01	18 54
8	Su	23 05 17	18 03 08	4 43	13 ♌ 32 24	0 S 26	16 21	7 26	20 43 09	13 34
9	M	23 09 14	19 03 06	4 20	27 52 39	1 42	10 37	7 23	5 ♍ 00 18	7 33
10	T	23 13 10	20 03 02	3 56	12 ♍ 05 28	2 51	4 N24	7 20	19 07 33	1 N13
11	W	23 17 07	21 02 56	3 33	26 05 58	3 48	1 S 56	7 17	3 ♎ 00 12	5 S 02
12	Th	23 21 03	22 02 48	3 09	9 ♎ 49 47	4 31	8 07	7 14	16 34 24	10 55
13	F	23 25 00	23 02 38	2 46	23 13 47	4 58	13 38	7 10	29 47 49	16 09
14	S	23 28 57	24 02 27	2 22	6 ♏ 16 28	5 08	18 27	7 07	12 ♏ 39 52	20 31
15	Su	23 32 53	25 02 13	1 58	18 58 12	5 03	22 19	7 04	25 11 46	23 50
16	M	23 36 50	26 01 58	1 35	1 ♐ 20 58	4 44	25 03	7 01	7 ♐ 26 15	25 58
17	T	23 40 46	27 01 41	1 11	13 28 09	4 12	26 35	6 58	19 27 16	26 52
18	W	23 44 43	28 01 23	0 47	25 24 11	3 29	26 51	6 54	1 ♑ 19 34	26 31
19	Th	23 48 39	29 ♓ 01 03	0 S 23	7 ♑ 14 04	2 38	25 53	6 51	13 08 21	24 57
20	F	23 52 36	0 ♈ 00 41	0 00	19 03 06	1 41	23 45	6 48	24 58 56	22 17
21	S	23 56 32	1 00 17	0 N24	0 ≈ 56 32	0 S 38	20 34	6 45	6 ≈ 56 27	18 38
22	Su	0 00 29	2 59 51	0 48	12 59 15	0 N27	16 29	6 42	19 05 08	14 10
23	M	0 04 26	2 59 24	1 11	25 15 31	1 31	11 40	6 39	1 ♓ 29 46	9 02
24	T	0 08 22	3 58 55	1 35	7 ♓ 48 32	2 33	6 17	6 35	14 11 59	3 S 26
25	W	0 12 19	4 58 23	1 59	20 40 15	3 28	0 S 31	6 32	27 13 19	2 N27
26	Th	0 16 15	5 57 50	2 22	3 ♈ 51 05	4 13	5 N24	6 29	10 ♈ 33 22	8 20
27	F	0 20 12	6 57 15	2 46	17 19 52	4 46	11 12	6 26	24 10 14	13 57
28	S	0 24 08	7 56 37	3 09	1 ♉ 04 02	5 02	16 34	6 23	8 ♉ 00 46	18 58
29	Su	0 28 05	8 55 58	3 32	14 59 58	5 01	21 08	6 20	22 01 07	23 00
30	M	0 32 01	9 55 16	3 56	29 03 45	4 42	24 32	6 16	6 ♊ 07 23	25 42
31	T	0 35 58	10 ♈ 54 33	4 N19	13 ♊ 11 39	4 N06	26 N27	6 ≈ 13	20 ♊ 16 12	26 N46

D	Mercury			Venus			Mars			Jupiter	
M	Lat.	Dec.		Lat.	Dec.		Lat.	Dec.		Lat.	Dec.
	° ′	° ′	° ′	° ′	° ′	° ′	° ′	° ′	° ′	° ′	° ′
1	1 S 39	16 S 43	16 S 20	6 N 10	11 N33	11 N47	1 S 06	16 S 04	15 S 50	0 S 30	17 S 27
3	1 48	15 56		6 30	12 00	12 11	1 06	15 35		0 31	17 20
5	1 57	15 04	15 31	6 49	12 21	12 31	1 07	15 05	15 20	0 31	17 13
7	2 03	14 06	14 36	7 08	12 39	12 46	1 07	14 34	14 50	0 31	17 06
9	2 08	13 04	13 36	7 25	12 51	12 56	1 08	14 03	14 19	0 31	16 58
			12 31						13 47		
11	2 12	11 57	11 21	7 41	12 58	13 00	1 08	13 32	13 16	0 32	16 51
13	2 14	10 45	10 07	7 55	13 00	12 59	1 08	12 59	12 43	0 32	16 44
15	2 14	9 27	8 47	8 06	12 56	12 51	1 09	12 27	12 10	0 32	16 37
17	2 12	8 05	7 23	8 16	12 45	12 38	1 09	11 53	11 37	0 33	16 29
19	2 08	6 39	5 53	8 22	12 29	12 18	1 09	11 20	11 03	0 33	16 22
21	2 02	5 07	4 20	8 25	12 06	11 53	1 10	10 46	10 29	0 33	16 15
23	1 55	3 31	2 42	8 24	11 39	11 23	1 10	10 11	9 54	0 33	16 08
25	1 45	1 51	1 S 00	8 20	11 06	10 48	1 10	9 36	9 19	0 34	16 01
27	1 33	0 S 08	0 N 46	8 11	10 28	10 08	1 10	9 01	8 44	0 34	15 54
29	1 19	1 N40	2 N 34	8 00	9 48	9 N26	1 10	8 26	8 S 08	0 34	15 47
31	1 S 03	3 N30		7 N 44	9 N05		1 S 10	7 S 50		0 S 35	15 S 41

FIRST QUARTER – Mar. 4,07h.46m. (13° ♊ 52′)

FULL MOON – Mar.11,02h.38m. (20°♍40′)

EPHEMERIS]					MARCH 2009												7
D	☿	♀	♂	♃	♄	♅	♆	♇	Lunar Aspects								
M	Long.	Long.	Long.	Long.	Long.	Long.	Long.	Long.	☉	☿	♀	♂	♃	♄	♅	♆	♇
	° ′	° ′	° ′	° ′	° ′	° ′	° ′	° ′									
1	18♒54	14♈55	19♒20	12♒47	18♍58	21♓57	24♒35	2♑59	⚹					⚼	∠		△
2	20 22	15 06	20 07	13 01	18R 53	22 00	24 37	3 00		□	⚺	□	□	△	⚹	□	⚼
3	21 51	15 15	20 53	13 14	18 48	22 04	24 39	3 01			∠						
4	23 21	15 21	21 40	13 27	18 44	22 07	24 41	3 02	□		⚹	△	△	□	□		
5	24 52	15 26	22 27	13 40	18 39	22 10	24 43	3 03		△			⚼			△	☍
6	26 24	15 27	23 14	13 53	18 34	22 14	24 45	3 04	△	⚼	□	⚼		⚹		⚼	
7	27 58	15R 27	24 01	14 07	18 29	22 17	24 48	3 05	⚼					∠	△		
8	29♒32	15 24	24 48	14 20	18 24	22 21	24 50	3 06			△		☍	⚺	⚼		⚼
9	1♓08	15 18	25 35	14 33	18 20	22 24	24 52	3 07		☍	⚼	☍				☍	△
10	2 45	15 10	26 22	14 45	18 15	22 28	24 54	3 08						☌			
11	4 23	14 59	27 09	14 58	18 10	22 31	24 56	3 09	☍				⚼		☍		
12	6 02	14 46	27 56	15 11	18 05	22 34	24 58	3 09			☍	⚼	△			⚼	□
13	7 43	14 30	28 43	15 24	18 01	22 38	25 00	3 10		⚼		△		⚺		△	
14	9 24	14 12	29♒30	15 36	17 56	22 41	25 02	3 11	⚼	△				∠	⚼		⚹
15	11 07	13 51	0♓17	15 49	17 51	22 45	25 04	3 11					□	⚹	△	□	∠
16	12 51	13 28	1 04	16 02	17 46	22 48	25 06	3 12	△		⚼	□					⚺
17	14 36	13 03	1 51	16 14	17 42	22 52	25 08	3 13		□	△		⚹	□			
18	16 22	12 36	2 38	16 26	17 37	22 55	25 10	3 13	□						□	⚹	
19	18 10	12 07	3 25	16 39	17 32	22 58	25 12	3 14			□	⚹	∠			∠	☌
20	19 59	11 37	4 12	16 51	17 28	23 02	25 14	3 14		⚹		∠	⚺	△	⚹		
21	21 49	11 04	4 59	17 03	17 23	23 05	25 16	3 15	⚹			⚺		⚼		⚺	⚺
22	23 40	10 30	5 46	17 15	17 19	23 09	25 18	3 15	∠	∠	⚹		☌		∠		∠
23	25 33	9 55	6 33	17 27	17 14	23 12	25 20	3 16		⚺	∠				⚺	☌	
24	27 27	9 19	7 20	17 39	17 10	23 15	25 22	3 16	⚺		⚺	☌					⚹
25	29♓22	8 42	8 07	17 51	17 05	23 19	25 24	3 16					⚺	☍	☌	⚺	
26	1♈18	8 05	8 54	18 03	17 01	23 22	25 26	3 17	☌	☌	☌	⚺	∠			∠	□
27	3 16	7 27	9 41	18 15	16 56	23 26	25 28	3 17					⚹		⚺		
28	5 14	6 49	10 28	18 26	16 52	23 29	25 29	3 17		⚺	⚺	∠		⚼		⚹	△
29	7 14	6 12	11 15	18 38	16 48	23 32	25 31	3 17	⚺		∠	⚹	□	△	∠		⚼
30	9 15	5 35	12 02	18 49	16 44	23 36	25 33	3 18	∠	∠	⚹				⚹	□	
31	11♈17	4♈59	12♓49	19♒00	16♍39	23♓39	25♒35	3♑18	⚹	⚹		□	△	□			

D	Saturn		Uranus		Neptune		Pluto	
M	Lat.	Dec.	Lat.	Dec.	Lat.	Dec.	Lat.	Dec.
	° ′	° ′	° ′	° ′	° ′	° ′	° ′	° ′
1	2N16	6N27	0S44	3S52	0S22	13S40	5N42	17S42
3	2 16	6 31	0 44	3 49	0 22	13 39	5 42	17 42
5	2 16	6 35	0 44	3 46	0 22	13 37	5 42	17 42
7	2 16	6 38	0 44	3 44	0 22	13 36	5 43	17 42
9	2 16	6 42	0 44	3 41	0 22	13 35	5 43	17 42
11	2 16	6 46	0 44	3 38	0 22	13 33	5 43	17 41
13	2 16	6 50	0 44	3 36	0 22	13 32	5 43	17 41
15	2 16	6 54	0 44	3 33	0 22	13 30	5 43	17 41
17	2 16	6 57	0 44	3 30	0 22	13 29	5 43	17 41
19	2 16	7 01	0 44	3 27	0 22	13 28	5 44	17 41
21	2 16	7 05	0 44	3 25	0 22	13 27	5 44	17 40
23	2 16	7 08	0 44	3 22	0 22	13 25	5 44	17 40
25	2 16	7 12	0 44	3 19	0 22	13 24	5 44	17 40
27	2 16	7 15	0 44	3 17	0 22	13 23	5 44	17 40
29	2 16	7 18	0 44	3 14	0 22	13 22	5 44	17 40
31	2N16	7N22	0S44	3S11	0S22	13S21	5N45	17S39

Mutual Aspects

1 ☿⚻♄. ♂⚻♄.
2 ☿☌♂. ♃±♄.
3 ☉⚺♃. ☿⚺♅. ☉#♄.
5 ☉⚺♀. ☉Q♇. ☿☌♆. ♂⚺♅. ☿∥♂.
6 ♀Stat.
8 ☉☍♄. ♂☌♆. ☿∥♆.
9 ☿∠♀. ☿#♀.
10 ☿⚹♇.
11 ☉⊥♃. ♀⚹♃. ☉∥♅. ♂∥♆.
13 ☉☌♅. ☿⊥♀. ♀#♂.
14 ♀∠♂. 15 ☉⚺♆.
16 ☿⚺♀.
17 ☿Q♇.
18 ☿⚺♃.
19 ☿☍♄. ♂⚹♇. ☿#♄.
21 ☉⊥♆. ♀⊥♂. ♃⊥♅.
22 ☉∠♃. ☿⊥♃. ☿☌♅. ♀∠♆. ♃⚻♄.
23 ☉□♇. ☿⚺♆. ☿∥♅.
25 ♀⚺♂. ☉#☿.
26 ☿⊥♆.
27 ☉☌♀. ☿∠♃. ☿□♇. ♃∠♇.
28 ☉#♅. 29 ☿☌♀.
31 ☉☌☿. ☉∠♆. ☿∠♆. ☿#♅.

LAST QUARTER – Mar.18,17h.47m. (28°♐16′)

8					APRIL	2009			[RAPHAEL'S

D	D	Sidereal	☉	☉	☽	☽	☽	☽	24h.	
M	W	Time	Long.	Dec.	Long.	Lat.	Dec.	Node	☽ Long.	☽ Dec.

		h m s	° ′ ″	° ′	° ′ ″	° ′	° ′	° ′	° ′	° ′
1	W	0 39 55	11 ♈ 53 46	4 N42	27 ♊ 20 43	3 N14	26 N39	6 ≈ 10	4 ♋ 25 00	26 N06
2	Th	0 43 51	12 52 58	5 05	11 ♋ 28 52	2 11	25 07	6 07	18 32 11	23 45
3	F	0 47 48	13 52 07	5 28	25 34 48	1 N00	22 01	6 04	2 ♌ 36 40	19 57
4	S	0 51 44	14 51 14	5 51	9 ♌ 37 39	0 S14	17 37	6 00	16 37 37	15 02
5	Su	0 55 41	15 50 18	6 14	23 36 27	1 28	12 16	5 57	0 ♍ 33 57	9 22
6	M	0 59 37	16 49 20	6 37	7 ♍ 29 54	2 35	6 22	5 54	14 24 01	3 N18
7	T	1 03 34	17 48 20	6 59	21 16 02	3 32	0 N13	5 51	28 05 36	2 S51
8	W	1 07 30	18 47 17	7 22	4 ♎ 52 22	4 17	5 S52	5 48	11 ♎ 36 02	8 47
9	Th	1 11 27	19 46 13	7 44	18 16 15	4 47	11 35	5 45	24 52 44	14 13
10	F	1 15 24	20 45 06	8 06	1 ♏ 25 15	5 00	16 39	5 41	7 ♏ 53 38	18 53
11	S	1 19 20	21 43 58	8 28	14 17 46	4 58	20 52	5 38	20 37 40	22 35
12	Su	1 23 17	22 42 48	8 50	26 53 22	4 41	24 01	5 35	3 ♐ 05 03	25 09
13	M	1 27 13	23 41 36	9 12	9 ♐ 12 58	4 12	25 59	5 32	15 17 25	26 29
14	T	1 31 10	24 40 22	9 33	21 18 48	3 31	26 40	5 29	27 17 36	26 32
15	W	1 35 06	25 39 06	9 55	3 ♑ 14 21	2 42	26 06	5 26	9 ♑ 09 37	25 22
16	Th	1 39 03	26 37 49	10 16	15 04 01	1 46	24 20	5 22	20 58 13	23 03
17	F	1 42 59	27 36 30	10 37	26 52 53	0 S45	21 31	5 19	2 ≈ 48 43	19 45
18	S	1 46 56	28 35 09	10 58	8 ≈ 46 24	0 N18	17 47	5 16	14 46 38	15 37
19	Su	1 50 53	29 ♈ 33 47	11 19	20 50 04	1 21	13 17	5 13	26 57 20	10 47
20	M	1 54 49	0 ♉ 32 22	11 40	3 ♓ 09 01	2 21	8 09	5 10	9 ♓ 25 38	5 S25
21	T	1 58 46	1 30 56	12 00	15 47 38	3 16	2 S35	5 06	22 15 20	0 N20
22	W	2 02 42	2 29 29	12 20	28 48 58	4 03	3 N14	5 03	5 ♈ 28 39	6 11
23	Th	2 06 39	3 27 59	12 40	12 ♈ 14 18	4 37	9 05	5 00	19 05 44	11 56
24	F	2 10 35	4 26 28	13 00	26 02 37	4 57	14 40	4 57	3 ♉ 04 27	17 14
25	S	2 14 32	5 24 55	13 20	10 ♉ 10 37	4 59	19 36	4 54	17 20 24	21 41
26	Su	2 18 28	6 23 21	13 39	24 32 59	4 42	23 28	4 51	1 ♊ 47 33	24 53
27	M	2 22 25	7 21 44	13 59	9 ♊ 03 16	4 07	25 53	4 47	16 19 18	26 27
28	T	2 26 22	8 20 06	14 17	23 34 54	3 16	26 33	4 44	0 ♋ 49 26	26 12
29	W	2 30 18	9 18 25	14 36	8 ♋ 02 18	2 13	25 24	4 41	15 13 06	24 12
30	Th	2 34 15	10 ♉ 16 43	14 N54	22 ♋ 21 27	1 N02	22 N36	4 ≈ 38	29 ♋ 27 10	20 N40

D	Mercury			Venus			Mars			Jupiter	
M	Lat.	Dec.		Lat.	Dec.		Lat.	Dec.		Lat.	Dec.

	° ′	° ′	° ′	° ′	° ′	° ′	° ′	° ′	° ′	° ′	° ′
1	0 S 55	4 N25	5 N 21	7 N 36	8 N42	8 N20	1 S 10	7 S 32	7 S 14	0 S 35	15 S 37
3	0 36	6 18	7 14	7 16	7 58	7 35	1 10	6 56	6 38	0 35	15 31
5	0 S 15	8 11	9 07	6 54	7 13	6 51	1 10	6 19	6 01	0 36	15 24
7	0 N06	10 02	10 57	6 30	6 30	6 09	1 10	5 43	5 25	0 36	15 18
9	0 29	11 51	12 44	6 04	5 48	5 28	1 10	5 06	4 48	0 36	15 11
11	0 51	13 35	14 25	5 37	5 10	4 51	1 10	4 29	4 11	0 37	15 05
13	1 13	15 13	15 59	5 10	4 34	4 18	1 10	3 52	3 34	0 37	14 59
15	1 34	16 43	17 25	4 42	4 03	3 48	1 10	3 15	2 56	0 37	14 53
17	1 54	18 04	18 41	4 15	3 35	3 23	1 09	2 38	2 19	0 38	14 47
19	2 10	19 16	19 47	3 48	3 11	3 01	1 09	2 01	1 42	0 38	14 41
21	2 25	20 17	20 43	3 22	2 52	2 44	1 09	1 23	1 05	0 39	14 36
23	2 35	21 07	21 29	2 56	2 37	2 31	1 09	0 46	0 S 28	0 39	14 30
25	2 42	21 48	22 04	2 31	2 26	2 22	1 09	0 S 09	0 N 10	0 39	14 25
27	2 45	22 18	22 29	2 07	2 19	2 17	1 08	0 N28	0 47	0 40	14 20
29	2 44	22 38	22 N 44	1 44	2 16	2 N16	1 08	1 05	1 N 24	0 40	14 15
31	2 N38	22 N48		1 N 23	2 N16		1 S 08	1 N42		0 S 41	14 S 10

EPHEMERIS]				APRIL 2009				9
D M	☿ Long.	♀ Long.	♂ Long.	♃ Long.	♄ Long.	♅ Long.	♆ Long.	♇ Long.
	° ′	° ′	° ′	° ′	° ′	° ′	° ′	° ′
1	13♈19	4♈23	13♓35	19♒12	16♍35	23♓42	25♒36	3♑18
2	15 23	3R 49	14 22	19 23	16R 31	23 46	25 38	3 18
3	17 27	3 16	15 09	19 34	16 27	23 49	25 40	3 18
4	19 31	2 44	15 56	19 45	16 23	23 52	25 41	3 18
5	21 35	2 15	16 43	19 56	16 20	23 55	25 43	3R 18
6	23 39	1 47	17 30	20 07	16 16	23 59	25 45	3 18
7	25 43	1 21	18 17	20 17	16 12	24 02	25 46	3 18
8	27 46	0 58	19 03	20 28	16 08	24 05	25 48	3 18
9	29♈48	0 36	19 50	20 38	16 05	24 08	25 49	3 18
10	1♉49	0 17	20 37	20 49	16 01	24 11	25 51	3 18
11	3 48	0♈01	21 24	20 59	15 58	24 14	25 52	3 17
12	5 44	29♓46	22 10	21 09	15 55	24 18	25 54	3 17
13	7 39	29 35	22 57	21 19	15 51	24 21	25 55	3 17
14	9 30	29 25	23 44	21 29	15 48	24 24	25 57	3 17
15	11 18	29 18	24 30	21 39	15 45	24 27	25 58	3 16
16	13 03	29 14	25 17	21 48	15 42	24 30	25 59	3 16
17	14 45	29 12	26 04	21 58	15 39	24 33	26 01	3 15
18	16 22	29D 13	26 50	22 08	15 36	24 36	26 02	3 15
19	17 55	29 15	27 37	22 17	15 33	24 39	26 03	3 15
20	19 24	29 20	28 24	22 26	15 31	24 42	26 04	3 14
21	20 48	29 28	29 10	22 35	15 28	24 45	26 06	3 14
22	22 08	29 37	29♓57	22 44	15 26	24 48	26 07	3 13
23	23 23	29♓49	0♈43	22 53	15 23	24 50	26 08	3 13
24	24 33	0♈03	1 30	23 02	15 21	24 53	26 09	3 12
25	25 38	0 19	2 16	23 10	15 19	24 56	26 10	3 11
26	26 38	0 36	3 02	23 19	15 16	24 59	26 11	3 11
27	27 33	0 56	3 49	23 27	15 14	25 02	26 12	3 10
28	28 22	1 17	4 35	23 35	15 12	25 04	26 13	3 09
29	29 06	1 41	5 21	23 43	15 11	25 07	26 14	3 09
30	29♉45	2♈05	6♈08	23♒51	15♍09	25♓10	26♒15	3♑08

Lunar Aspects

D	☉	☿	♀	♂	♃	♄	♅	♆	♇
1			□		⚼		□	△	☍
2	□	□		△		⚹		⚼	
3				⚼		∠	△		
4	△		△			⚺	⚼		
5		△	⚼		☍			☍	⚼
6	⚼	⚼							△
7				☍		☌	☍		
8			☍		⚼			⚼	□
9	☍				△	⚺			
10		☍		⚼		∠		△	⚹
11			⚼			⚹	⚼		∠
12			△	△	□		△	□	
13	⚼								⚺
14	△	⚼		□	⚹	□	□	⚹	
15			□		∠				☌
16		△				△		∠	
17	□		⚹	⚹	⚺	⚼	⚹	⚺	
18			∠	∠			∠		⚺
19		□			☌		⚺	☌	∠
20	⚹		⚺	⚺					⚹
21	∠	⚹				☍			
22	⚺		●	☌	⚺		☌	⚺	□
23		∠			∠			∠	
24		⚺	⚺	⚺	⚹	⚼	⚺	⚹	
25	☌		∠			△	∠		△
26		☌	⚹	∠	□		⚹	□	⚼
27	⚺			⚹		□			
28	∠	⚺			△		□	△	
29	⚹	∠	□	□	⚼	⚹		⚼	☍
30							△		

D M	Saturn Lat.	Saturn Dec.	Uranus Lat.	Uranus Dec.	Neptune Lat.	Neptune Dec.	Pluto Lat.	Pluto Dec.
	° ′	° ′	° ′	° ′	° ′	° ′	° ′	° ′
1	2N16	7N23	0S44	3S10	0S22	13S20	5N45	17S39
3	2 16	7 26	0 44	3 08	0 22	13 19	5 45	17 39
5	2 16	7 29	0 44	3 05	0 22	13 18	5 45	17 39
7	2 16	7 32	0 44	3 02	0 22	13 17	5 45	17 39
9	2 16	7 34	0 44	3 00	0 22	13 16	5 45	17 39
11	2 15	7 37	0 44	2 58	0 22	13 15	5 45	17 39
13	2 15	7 39	0 44	2 55	0 22	13 14	5 46	17 38
15	2 15	7 42	0 44	2 53	0 22	13 13	5 46	17 38
17	2 15	7 44	0 44	2 50	0 23	13 12	5 46	17 38
19	2 15	7 46	0 44	2 48	0 23	13 11	5 46	17 38
21	2 14	7 48	0 44	2 46	0 23	13 10	5 46	17 38
23	2 14	7 49	0 44	2 43	0 23	13 10	5 46	17 38
25	2 14	7 51	0 44	2 41	0 23	13 09	5 46	17 38
27	2 14	7 52	0 44	2 39	0 23	13 08	5 47	17 38
29	2 13	7 53	0 44	2 37	0 23	13 08	5 47	17 38
31	2N13	7N54	0S44	2S35	0S23	13S07	5N47	17S37

Mutual Aspects

1 ☿⚺♂. ♀∠♃. ♂#♄.
2 ☉∥☿.
3 ☿⚻♄. ♀□♇. ♂Q♇.
4 ☿⚹♃. ☿∥♀. ☿#♂. ☿∥♄. ♀∥♄.
♇Stat.
5 ☉⚻♄. ☿±♄. ♂☍♄. ☉#♂.
6 ☿⊥♂. ☿⚺♅. ♀⊥♆. ☉∥♀.
7 ☿⚹♆.
9 ☉⚺♂. ☿⚺♀. ☿⊥♅. ☉∥♄.
10 ☉⚹♃. ☿⚼♄. ♂⚺♃.
11 ☉±♄. ☿Q♃. ☿△♇. ☿#♆.
12 ☿⊥♀.
13 ☿∠♂. ☿Q♆. ☿#♃.
14 ☉⚺♅. ☿∠♅.
15 ☉⚹♆. ♂☌♅.
16 ☿#♇. ♂∥♅.
17 ☿∠♀. ♂⚺♆. ♀Stat.
18 ☿△♄.
19 ☉⚺♀. ☿⚼♇.
20 ☉⚼♄. ☉⊥♅. ♂⊥♃.
21 ♀☌♂. 22 ♀#♅.
23 ☉△♇. ☿□♃.
24 ☿⚹♅. ☉#♆.
25 ☉Q♃. ♂⊥♆.
26 ☉⊥♀. ☿□♆. ♂□♇.
27 ☿±♇.
28 ☉Q♆. ☉#♃.
30 ☉∠♅. ♀⊥♆.

NEW MOON – May 24,12h.11m. (3° ♊ 28')

D M	D W	Sidereal Time	⊙ Long.	⊙ Dec.	☽ Long.	☽ Lat.	☽ Dec.	Node	24h. ☽ Long.	☽ Dec.
		h m s	° ′ ″	° ′	° ′ ″	° ′	° ′	° ′	° ′ ″	° ′
1	F	2 38 11	11 ♉ 14 58	15 N12	6 ♌ 30 04	0 S 13	18 N26	4 ≈ 35	13 ♌ 30 06	15 N59
2	S	2 42 08	12 13 11	15 30	20 27 15	1 26	13 19	4 32	27 21 32	10 31
3	Su	2 46 04	13 11 22	15 48	4 ♍ 13 00	2 32	7 36	4 28	11 ♍ 01 42	4 N37
4	M	2 50 01	14 09 31	16 05	17 47 40	3 29	1 N37	4 25	24 30 54	1 S24
5	T	2 53 57	15 07 38	16 22	1 ♎ 11 25	4 14	4 S21	4 22	7 ♎ 49 11	7 15
6	W	2 57 54	16 05 43	16 39	14 24 08	4 44	10 03	4 19	20 56 12	12 42
7	Th	3 01 51	17 03 47	16 56	27 25 18	4 59	15 12	4 16	3 ♏ 51 20	17 31
8	F	3 05 47	18 01 48	17 12	10 ♏ 14 14	4 59	19 37	4 12	16 33 57	21 28
9	S	3 09 44	18 59 48	17 28	22 50 25	4 44	23 03	4 09	29 03 41	24 21
10	Su	3 13 40	19 57 47	17 44	5 ✓ 13 47	4 15	25 21	4 06	11 ✓ 20 50	26 03
11	M	3 17 37	20 55 44	17 59	17 25 00	3 35	26 25	4 03	23 26 31	26 28
12	T	3 21 33	21 53 39	18 14	29 25 40	2 46	26 13	4 00	5 ♑ 22 49	25 39
13	W	3 25 30	22 51 34	18 29	11 ♑ 18 22	1 51	24 48	3 57	17 12 48	23 40
14	Th	3 29 26	23 49 26	18 44	23 06 37	0 S50	22 17	3 53	29 00 23	20 40
15	F	3 33 23	24 47 18	18 58	4 ≈ 54 42	0 N13	18 50	3 50	10 ≈ 50 13	16 48
16	S	3 37 20	25 45 08	19 12	16 47 35	1 15	14 36	3 47	22 47 28	12 15
17	Su	3 41 16	26 42 57	19 25	28 50 33	2 16	9 45	3 44	4 ♓ 57 30	7 09
18	M	3 45 13	27 40 45	19 39	11 ♓ 08 58	3 11	4 S26	3 41	17 25 34	1 S39
19	T	3 49 09	28 38 32	19 51	23 47 50	3 58	1 N11	3 37	0 ♈ 16 14	4 N03
20	W	3 53 06	29 ♉ 36 18	20 04	6 ♈ 51 09	4 35	6 56	3 34	13 32 50	9 46
21	Th	3 57 02	0 ♊ 34 02	20 16	20 21 22	4 58	12 33	3 31	27 16 42	15 13
22	F	4 00 59	1 31 46	20 28	4 ♉ 18 36	5 04	17 44	3 28	11 ♉ 26 38	20 01
23	S	4 04 55	2 29 28	20 40	18 40 13	4 52	22 03	3 25	25 58 35	23 45
24	Su	4 08 52	3 27 09	20 51	3 ♊ 20 49	4 20	25 05	3 22	10 ♊ 45 55	25 59
25	M	4 12 49	4 24 49	21 01	18 12 48	3 31	26 25	3 18	25 40 23	26 22
26	T	4 16 45	5 22 28	21 12	3 ♋ 07 36	2 26	25 51	3 15	10 ♋ 33 28	24 51
27	W	4 20 42	6 20 05	21 22	17 57 05	1 N12	23 26	3 12	25 17 42	21 38
28	Th	4 24 38	7 17 41	21 32	2 ♌ 33 43	0 S05	19 30	3 09	9 ♌ 47 39	17 05
29	F	4 28 35	8 15 21	21 41	16 56 12	1 22	14 28	3 06	24 00 09	11 40
30	S	4 32 31	9 12 49	21 50	0 ♍ 59 26	2 31	8 46	3 03	7 ♍ 54 03	5 N47
31	Su	4 36 28	10 ♊ 10 20	21 N58	14 ♍ 44 06	3 S31	2 N46	2 ≈ 59	21 ♍ 29 42	0 S14

D M	Mercury Lat.	Mercury Dec.		Venus Lat.	Venus Dec.		Mars Lat.	Mars Dec.		Jupiter Lat.	Jupiter Dec.
	°	°	°	°	°	°	°	°	°	°	°
1	2 N38	22 N48	22 N 49	1 N 23	2 N16	2 N18	1 S 08	1 N42	2 N 01	0 S 41	14 S 10
3	2 28	22 48	22 45	1 02	2 20	2 23	1 07	2 19	2 37	0 41	14 05
5	2 13	22 39	22 31	0 42	2 27	2 32	1 07	2 56	3 14	0 42	14 01
7	1 53	22 21	22 09	0 24	2 37	2 44	1 06	3 32	3 50	0 42	13 57
9	1 29	21 55	21 39	0 N06	2 50	2 58	1 06	4 09	4 27	0 42	13 53
11	1 01	21 21	21 01	0 S 11	3 06	3 15	1 05	4 45	5 03	0 43	13 49
13	0 N29	20 40	20 18	0 26	3 25	3 35	1 04	5 21	5 38	0 43	13 45
15	0 S05	19 55	19 30	0 41	3 45	3 56	1 04	5 56	6 14	0 44	13 42
17	0 40	19 06	18 41	0 54	4 08	4 20	1 03	6 31	6 49	0 44	13 38
19	1 15	18 16	17 52	1 07	4 33	4 46	1 02	7 06	7 24	0 45	13 35
21	1 48	17 28	17 05	1 19	4 59	5 13	1 02	7 41	7 58	0 45	13 33
23	2 19	16 43	16 23	1 30	5 27	5 42	1 01	8 15	8 32	0 46	13 30
25	2 47	16 04	15 47	1 40	5 57	6 12	1 00	8 49	9 06	0 46	13 28
27	3 10	15 32	15 20	1 49	6 28	6 43	0 59	9 23	9 39	0 47	13 26
29	3 29	15 09	15 N 00	1 57	7 00	7 16	0 58	9 56	10 N 12	0 47	13 24
31	3 S43	14 N54		2 S 05	7 N32		0 S 58	10 N28		0 S 48	13 S 22

FIRST QUARTER – May 1,20h.44m. (11°♌36') & May 31,03h.22m. (9°♍50')

FULL MOON–May 9,04h.01m. (18°♏41′)

D M	☿ Long.	♀ Long.	♂ Long.	♃ Long.	♄ Long.	♅ Long.	♆ Long.	♇ Long.
	° ′	° ′	° ′	° ′	° ′	° ′	° ′	° ′
1	0♊18	2♈32	6♈54	23♒59	15♍07	25♓12	26♒16	3♑07
2	0 46	3 00	7 40	24 07	15R 06	25 15	26 17	3R 06
3	1 08	3 29	8 26	24 14	15 04	25 18	26 18	3 05
4	1 25	4 00	9 12	24 22	15 03	25 20	26 19	3 05
5	1 37	4 33	9 59	24 29	15 02	25 23	26 19	3 04
6	1 43	5 07	10 45	24 36	15 00	25 25	26 20	3 03
7	1R 44	5 42	11 31	24 43	14 59	25 28	26 21	3 02
8	1 40	6 18	12 17	24 50	14 58	25 30	26 22	3 01
9	1 32	6 56	13 03	24 56	14 58	25 32	26 22	3 00
10	1 18	7 34	13 48	25 03	14 57	25 35	26 23	2 59
11	1 00	8 14	14 34	25 09	14 56	25 37	26 24	2 58
12	0 39	8 55	15 20	25 15	14 56	25 39	26 24	2 57
13	0♊14	9 37	16 06	25 21	14 55	25 41	26 25	2 56
14	29♉45	10 20	16 52	25 27	14 55	25 44	26 25	2 55
15	29 15	11 04	17 37	25 33	14 55	25 46	26 26	2 54
16	28 42	11 48	18 23	25 38	14 55	25 48	26 26	2 52
17	28 08	12 34	19 09	25 43	14D 55	25 50	26 26	2 51
18	27 33	13 20	19 54	25 49	14 55	25 52	26 27	2 50
19	26 58	14 08	20 40	25 54	14 55	25 54	26 27	2 49
20	26 24	14 56	21 25	25 58	14 55	25 56	26 27	2 48
21	25 50	15 45	22 11	26 03	14 56	25 58	26 28	2 47
22	25 18	16 34	22 56	26 08	14 56	26 00	26 28	2 45
23	24 49	17 24	23 42	26 12	14 57	26 01	26 28	2 44
24	24 21	18 15	24 27	26 16	14 58	26 03	26 28	2 43
25	23 57	19 07	25 12	26 20	14 58	26 05	26 28	2 41
26	23 36	19 59	25 57	26 24	14 59	26 07	26 29	2 40
27	23 19	20 52	26 42	26 27	15 00	26 08	26 29	2 39
28	23 06	21 45	27 28	26 31	15 01	26 10	26 29	2 37
29	22 57	22 39	28 13	26 34	15 03	26 12	26R 29	2 36
30	22 53	23 33	28 58	26 37	15 04	26 13	26 29	2 35
31	22♉53	24♈28	29♈43	26♒40	15♍06	26♓15	26♒29	2♑33

Lunar Aspects

D	☉	☿	♀	♂	♃	♄	♅	♆	♇
1	□	✱	△	△		∠	⚼		
2			⚼	⚼	☍	⚺		☍	⚼
3		□							△
4	△					☌			
5	⚼	△	☍				☍		□
6		⚼		☍	⚼	⚺		⚼	
7					△	∠		△	✱
8						✱	⚼		
9	☍		⚼	⚼	□		△	□	∠
10		☍	△						⚺
11				△		□			
12					✱		□	✱	☌
13	⚼	⚼	□	□	∠	△		∠	
14	△				⚺		✱	⚺	
15		△				⚼	∠		⚺
16			✱	✱					∠
17	□	□	∠	∠	☌		⚺	☌	✱
18			⚺			☍			
19	✱	✱		⚺	⚺		☌	⚺	
20		∠			∠			∠	□
21	∠	⚺	☌	☌	✱		⚺	✱	
22	⚺					⚼	∠		△
23		☌	⚺	⚺		△			⚼
24	☌		∠	∠	□		✱	□	
25		⚺	✱	✱		□			
26	⚺	∠			△		□	△	☍
27	∠	✱	□		⚼	✱		⚼	
28	✱			□		∠	△		
29		□	△			⚺	⚼		⚼
30				△	☍			☍	△
31	□		⚼	⚼		☌			

D M	Saturn Lat.	Saturn Dec.	Uranus Lat.	Uranus Dec.	Neptune Lat.	Neptune Dec.	Pluto Lat.	Pluto Dec.
	° ′	° ′	° ′	° ′	° ′	° ′	° ′	° ′
1	2N13	7N54	0S44	2S35	0S23	13S07	5N47	17S37
3	2 13	7 55	0 44	2 33	0 23	13 07	5 47	17 37
5	2 12	7 56	0 44	2 31	0 23	13 06	5 47	17 37
7	2 12	7 56	0 44	2 29	0 23	13 06	5 47	17 37
9	2 12	7 57	0 44	2 27	0 23	13 05	5 47	17 37
11	2 11	7 57	0 44	2 25	0 23	13 05	5 47	17 37
13	2 11	7 57	0 45	2 24	0 23	13 05	5 47	17 37
15	2 11	7 57	0 45	2 22	0 23	13 04	5 47	17 37
17	2 10	7 57	0 45	2 20	0 23	13 04	5 47	17 37
19	2 10	7 56	0 45	2 19	0 23	13 04	5 47	17 37
21	2 10	7 56	0 45	2 17	0 23	13 04	5 47	17 37
23	2 09	7 55	0 45	2 16	0 23	13 04	5 47	17 37
25	2 09	7 54	0 45	2 15	0 23	13 03	5 47	17 38
27	2 09	7 53	0 45	2 13	0 23	13 03	5 47	17 38
29	2 08	7 52	0 45	2 12	0 24	13 04	5 47	17 38
31	2N08	7N50	0S45	2S11	0S24	13S04	5N47	17S38

Mutual Aspects

2 ♀□♇. 3 ♀∥♂.
4 ♂∠♃. ♂#♅.
5 ☉△♄. 6 ♀#♅.
7 ♂∠♆. ☿Stat.
8 ☉⚼♇. 9 ☉⊥♂.
10 ☉#♇.
11 ♂∇♄.
12 ☿∠♂.
14 ♀∠♃.
15 ♀∠♆.
16 ☉□♃. ☉✱♅. ☉∥☿.
17 ☉□♆. ☉±♇. ☿∠♀. ♄Stat.
18 ☉☌☿.
19 ☿⊥♂. ☿±♇. ♂±♄. ♃⚺♅.
20 ☿□♆. ♀∇♄.
21 ☿□♃. ☿✱♅. ☿#♇.
22 ☉∠♀. ♂∥♄.
23 ☉∇♇.
24 ☿⊥♀. ☿⚺♂.
26 ♂⚺♅.
27 ♀±♄. ♂✱♃. ♂✱♆. ♃☌♆.
29 ☉Q♅. ☿⚺♀. ♆Stat.
31 ☿Stat.

LAST QUARTER–May 17,07h.26m. (26°♒32′)

12						JUNE		2009						[RAPHAEL'S

D	D	Sidereal	☉	☉	☽	☽	☽	☽		24h.	
M	W	Time	Long.	Dec.	Long.	Lat.	Dec.	Node	☽ Long.	☽ Dec.

		h m s	° ′ ″	° ′	° ′ ″	° ′	° ′	° ′	° ′ ″	° ′
1	M	4 40 24	11 ♊ 07 50	22 N07	28 ♍ 11 03	4 S17	3 S13	2 ≈ 56	4 ♎ 48 18	6 S07
2	T	4 44 21	12 05 19	22 14	11 ♎ 21 42	4 49	8 55	2 53	17 51 24	11 37
3	W	4 48 18	13 02 47	22 22	24 17 37	5 05	14 09	2 50	0 ♏ 40 31	16 30
4	Th	4 52 14	14 00 13	22 29	7 ♏ 00 16	5 06	18 40	2 47	13 17 00	20 36
5	F	4 56 11	14 57 39	22 35	19 30 53	4 52	22 18	2 43	25 42 01	23 43
6	S	5 00 07	15 55 03	22 42	1 ♐ 50 32	4 25	24 51	2 40	7 ♐ 56 36	25 41
7	Su	5 04 04	16 52 27	22 48	14 00 20	3 46	26 13	2 37	20 01 54	26 26
8	M	5 08 00	17 49 49	22 53	26 01 30	2 57	26 19	2 34	1 ♑ 59 20	25 55
9	T	5 11 57	18 47 11	22 58	7 ♑ 55 40	2 00	25 12	2 31	13 50 45	24 13
10	W	5 15 53	19 44 32	23 03	19 44 57	0 S59	22 58	2 28	25 38 35	21 28
11	Th	5 19 50	20 41 53	23 07	1 ≈ 32 06	0 N05	19 45	2 24	7 ≈ 25 54	17 49
12	F	5 23 47	21 39 13	23 11	13 20 28	1 08	15 43	2 21	19 16 21	13 28
13	S	5 27 43	22 36 32	23 14	25 14 04	2 10	11 04	2 18	1 ♓ 14 13	8 33
14	Su	5 31 40	23 33 51	23 17	7 ♓ 17 22	3 06	5 57	2 15	13 24 09	3 S15
15	M	5 35 36	24 31 09	23 20	19 35 09	3 56	0 S31	2 12	25 50 57	2 N17
16	T	5 39 33	25 28 27	23 22	2 ♈ 12 09	4 35	5 N05	2 09	8 ♈ 39 13	7 52
17	W	5 43 29	26 25 45	23 23	15 12 39	5 01	10 37	2 05	21 52 46	13 18
18	Th	5 47 26	27 23 03	23 25	28 39 49	5 15	15 52	2 02	5 ♉ 33 56	18 16
19	F	5 51 22	28 20 20	23 26	12 ♉ 35 03	5 06	20 28	1 59	19 42 57	22 24
20	S	5 55 19	29 ♊ 17 37	23 26	26 57 14	4 40	24 01	1 56	4 ♊ 17 17	25 16
21	Su	5 59 16	0 ♋ 14 54	23 26	11 ♊ 42 20	3 56	26 05	1 53	19 11 27	26 26
22	M	6 03 12	1 12 10	23 26	26 43 34	2 54	26 18	1 49	4 ♋ 17 31	25 40
23	T	6 07 09	2 09 27	23 25	11 ♋ 52 07	1 40	24 34	1 46	19 26 09	23 01
24	W	6 11 05	3 06 42	23 24	26 58 29	0 N19	21 04	1 43	4 ♌ 28 05	18 47
25	Th	6 15 02	4 03 58	23 23	11 ♌ 54 00	1 S03	16 13	1 40	19 15 29	13 26
26	F	6 18 58	5 01 12	23 21	26 31 53	2 19	10 29	1 37	3 ♍ 42 48	7 27
27	S	6 22 55	5 58 26	23 18	10 ♍ 47 54	3 25	4 N22	1 34	17 47 03	1 N16
28	Su	6 26 51	6 55 40	23 15	24 40 14	4 16	1 S48	1 30	1 ♎ 27 32	4 S48
29	M	6 30 48	7 52 53	23 12	8 ♎ 09 08	4 52	7 42	1 27	14 45 17	10 29
30	T	6 34 45	8 ♋ 50 06	23 N09	21 ♎ 16 17	5 S11	13 S06	1 ≈ 24	27 ♎ 42 27	15 S33

D	Mercury			Venus			Mars			Jupiter		
M	Lat.	Dec.		Lat.	Dec.		Lat.	Dec.		Lat.	Dec.	

	° ′	° ′	° ′	° ′	° ′	° ′	° ′	° ′	° ′	° ′	° ′	° ′
1	3 S48	14 N50	14 N 48	2 S 09	7 N49	8 N06	0 S 57	10 N44	11 N 00	0 S 48	13 S 22	
3	3 55	14 48	14 51	2 15	8 23	8 41	0 56	11 16	11 32	0 49	13 21	
5	3 58	14 55	15 02	2 21	8 58	9 16	0 55	11 48	12 03	0 49	13 20	
7	3 57	15 10	15 20	2 26	9 34	9 52	0 54	12 19	12 34	0 50	13 19	
9	3 52	15 32	15 45	2 31	10 10	10 28	0 53	12 49	13 04	0 50	13 19	
11	3 44	16 00	16 16	2 35	10 46	11 04	0 52	13 19	13 34	0 51	13 19	
13	3 33	16 34	16 52	2 38	11 22	11 40	0 51	13 48	14 03	0 51	13 19	
15	3 19	17 12	17 32	2 41	11 58	12 16	0 50	14 17	14 31	0 52	13 19	
17	3 03	17 53	18 15	2 43	12 34	12 52	0 49	14 45	14 59	0 52	13 20	
19	2 44	18 38	19 01	2 44	13 10	13 28	0 48	15 13	15 26	0 53	13 21	
21	2 24	19 24	19 47	2 45	13 46	14 03	0 47	15 40	15 53	0 53	13 22	
23	2 03	20 10	20 33	2 46	14 21	14 38	0 45	16 06	16 19	0 54	13 23	
25	1 40	20 56	21 18	2 46	14 56	15 13	0 44	16 31	16 44	0 54	13 25	
27	1 16	21 39	22 00	2 45	15 29	15 46	0 43	16 56	17 08	0 55	13 27	
29	0 52	22 19	22 N 37	2 44	16 03	16 19	0 42	17 20	17 N 32	0 55	13 29	
31	0 S 28	22 N54		2 S 42	16 N35		0 S 40	17 N44		0 S 56	13 S 32	

| EPHEMERIS] | | | | JUNE | | 2009 | | | | | | | | | | 13 |

D	☿	♀	♂	♃	♄	♅	♆	♇	Lunar Aspects								
M	Long.	Long.	Long.	Long.	Long.	Long.	Long.	Long.	☉	☿	♀	♂	♃	♄	♅	♆	♇
1	22♉57	25♈23	0♉27	26≈43	15♏07	26♓16	26≈28	2♑32		△						♂°	□
2	23D 05	26 19	1 12	26 45	15 09	26 17	26R 28	2R 30	△	⊔				⊔	⊻		⊔
3	23 19	27 15	1 57	26 48	15 10	26 19	26 28	2 29	⊔		♂°			△	∠		△
4	23 36	28 12	2 42	26 50	15 12	26 20	26 28	2 28				♂°			⊔		
5	23 58	29♈09	3 26	26 52	15 14	26 21	26 28	2 26		♂°						✳	∠
6	24 25	0♉07	4 11	26 54	15 16	26 22	26 28	2 25					□		△	□	⊻
7	24 55	1 05	4 56	26 55	15 18	26 24	26 27	2 23	♂°		⊔			□		△	
8	25 30	2 03	5 40	26 57	15 21	26 25	26 27	2 22				⊔	✳			□	✳
9	26 09	3 02	6 25	26 58	15 23	26 26	26 27	2 20		⊔	△	△	∠				∠
10	26 52	4 01	7 09	26 59	15 25	26 27	26 26	2 19						△			♂
11	27 39	5 01	7 53	27 00	15 28	26 28	26 26	2 17	⊔	△	□		⊻	⊔	✳	⊻	⊻
12	28 30	6 00	8 38	27 00	15 31	26 29	26 25	2 16				□			∠		∠
13	29♉25	7 01	9 22	27 01	15 33	26 30	26 25	2 14	△	□			♂		⊻	♂	
14	0♊23	8 01	10 06	27 01	15 36	26 30	26 24	2 13			✳	✳					✳
15	1 25	9 02	10 50	27R 01	15 39	26 31	26 24	2 11	□		∠			♂°			
16	2 30	10 03	11 34	27 01	15 42	26 32	26 23	2 10		✳		∠	⊻		♂	⊻	□
17	3 39	11 04	12 18	27 01	15 45	26 33	26 23	2 08		∠	⊻	⊻	∠			∠	
18	4 52	12 06	13 02	27 00	15 48	26 33	26 22	2 07	✳	⊻			✳	⊔	⊻	✳	△
19	6 07	13 08	13 46	26 59	15 51	26 34	26 21	2 05	∠		♂	♂		△	∠		⊔
20	7 27	14 10	14 30	26 58	15 55	26 34	26 21	2 04	⊻				□		✳	□	
21	8 49	15 13	15 13	26 57	15 58	26 35	26 20	2 02		♂	⊻	⊻	□				
22	10 15	16 15	15 57	26 56	16 02	26 35	26 19	2 00	♂		∠	∠	△		□	△	♂°
23	11 44	17 18	16 41	26 55	16 05	26 36	26 19	1 59		⊻	✳	✳	⊔	✳		⊔	
24	13 16	18 21	17 24	26 53	16 09	26 36	26 18	1 57	⊻	∠				∠	△		
25	14 52	19 25	18 08	26 51	16 13	26 37	26 17	1 56	✳		□		⊻	⊔			⊔
26	16 31	20 28	18 51	26 49	16 17	26 37	26 16	1 54	∠		□		♂°			♂°	△
27	18 12	21 32	19 35	26 47	16 21	26 37	26 15	1 53	✳			♂°		♂			
28	19 57	22 36	20 18	26 44	16 25	26 37	26 14	1 51		□	△	△					
29	21 45	23 40	21 01	26 42	16 29	26 37	26 13	1 50	□		⊔	⊔	⊔			⊔	□
30	23♊35	24♉45	21♉44	26≈39	16♏33	26♓37	26≈12	1♑48		△			△	⊻		△	

D	Saturn		Uranus		Neptune		Pluto		Mutual Aspects
M	Lat.	Dec.	Lat.	Dec.	Lat.	Dec.	Lat.	Dec.	
1	2N08	7N50	0S45	2S11	0S24	13S04	5N47	17S38	1 ♂⊔h. ♀‖h.
3	2 07	7 48	0 45	2 09	0 24	13 04	5 47	17 38	2 ♀✳♃. ♀⊻♃. ♀✳Ψ.
5	2 07	7 46	0 45	2 09	0 24	13 04	5 47	17 38	3 ♂⊥♅. 4 ♂△♇.
7	2 07	7 44	0 45	2 08	0 24	13 04	5 47	17 38	5 ⊙□h.
9	2 06	7 42	0 45	2 07	0 24	13 04	5 47	17 38	6 ♀⊔h. 8 ♀⊔♅. ♀△♇.
11	2 06	7 40	0 46	2 06	0 24	13 05	5 47	17 39	9 ☿✳♅. ☿□Ψ. ☿±♇.
13	2 06	7 37	0 46	2 05	0 24	13 05	5 47	17 39	10 ☿□♃. ♅⊻Ψ. ♂♃♅.
15	2 05	7 35	0 46	2 05	0 24	13 06	5 46	17 39	11 ♂♃♃. 12 ♂Q Ψ.
17	2 05	7 32	0 46	2 04	0 24	13 06	5 46	17 39	13 ♂Q ♃. 14 ♀Q Ψ.
19	2 05	7 29	0 46	2 04	0 24	13 06	5 46	17 39	15 ♀Q ♃. ♃Stat.
21	2 04	7 27	0 46	2 04	0 24	13 07	5 46	17 40	16 ☿⊻♇. ♂∠♅. ☿♃♇.
23	2 04	7 23	0 46	2 03	0 24	13 07	5 46	17 40	17 ⊙□♅. ⊙△Ψ. ♀∠♅.
25	2 04	7 20	0 46	2 03	0 24	13 08	5 45	17 40	18 ⊙△♃. 19 ♀♃Ψ.
27	2 03	7 17	0 46	2 03	0 24	13 09	5 45	17 40	20 ♀♃♃. 21 ⊙∠♀. ⊙∠♂. ☿Q♅. ♀♂♂.
29	2 03	7 14	0 46	2 03	0 24	13 09	5 45	17 41	22 ♀△h. ♂△h. 23 ⊙♂°♇. ♀⊔♇. ♂⊔♇.
31	2N03	7N10	0S46	2S03	0S24	13S10	5N45	17S41	25 ⊙Q h. 26 ☿□h. 28 ☿⊻♂.

NEW MOON – July 22, 02h.35m. (29°♋27′)

14						JULY		2009			[RAPHAEL'S

D M	D W	Sidereal Time	☉ Long.	☉ Dec.	☽ Long.	☽ Lat.	☽ Dec.	Node	24h. ☽ Long.	☽ Dec.
		h m s	° ′ ″	° ′	° ′ ″	° ′	° ′	° ′	° ′	° ′
1	W	6 38 41	9♋47 18	23 N05	4 ♏ 04 09	5 S 15	17 S 48	1 ≈ 21	10 ♏ 21 46	19 S 50
2	Th	6 42 38	10 44 30	23 00	16 35 39	5 03	21 38	1 18	22 46 09	23 10
3	F	6 46 34	11 41 41	22 55	28 53 38	4 37	24 25	1 15	4 ✗ 58 25	25 23
4	S	6 50 31	12 38 53	22 50	11 ✗ 00 51	3 59	26 03	1 11	17 01 13	26 24
5	Su	6 54 27	13 36 04	22 45	22 59 49	3 11	26 26	1 08	28 56 57	26 10
6	M	6 58 24	14 33 15	22 39	4 ♑ 52 51	2 15	25 36	1 05	10 ♑ 47 50	24 45
7	T	7 02 20	15 30 26	22 32	16 42 09	1 14	23 37	1 02	22 36 04	22 14
8	W	7 06 17	16 27 38	22 25	28 29 53	0 S 09	20 37	0 59	4 ≈ 23 54	18 47
9	Th	7 10 14	17 24 49	22 18	10 ≈ 18 24	0 N56	16 46	0 55	16 13 45	14 34
10	F	7 14 10	18 22 01	22 11	22 10 17	1 59	12 15	0 52	28 08 23	9 47
11	S	7 18 07	19 19 13	22 03	4 ✕ 08 26	2 58	7 14	0 49	10 ✕ 10 51	4 S 36
12	Su	7 22 03	20 16 25	21 55	16 16 06	3 49	1 S 54	0 46	22 24 37	0 N50
13	M	7 26 00	21 13 38	21 46	28 36 52	4 31	3 N35	0 43	4 ♈ 53 20	6 20
14	T	7 29 56	22 10 51	21 37	11 ♈ 14 28	5 00	9 03	0 40	17 40 43	11 43
15	W	7 33 53	23 08 05	21 27	24 12 29	5 16	14 17	0 36	0 ♉ 50 10	16 43
16	Th	7 37 49	24 05 19	21 18	7 ♉ 34 10	5 15	19 00	0 33	14 24 17	21 03
17	F	7 41 46	25 02 35	21 07	21 21 03	4 56	22 52	0 30	28 24 17	24 21
18	S	7 45 43	25 59 51	20 57	5 ♊ 33 49	4 19	25 29	0 27	12 ♊ 49 19	26 12
19	Su	7 49 39	26 57 08	20 46	20 10 18	3 25	26 29	0 24	27 36 04	26 17
20	M	7 53 36	27 54 25	20 35	5 ♋ 05 49	2 15	25 36	0 21	12 ♋ 38 35	24 26
21	T	7 57 32	28 51 43	20 23	20 13 17	0 N55	22 50	0 17	27 48 45	20 49
22	W	8 01 29	29♋49 02	20 11	5 ♌ 23 48	0 S 29	18 27	0 14	12 ♌ 57 16	15 48
23	Th	8 05 25	0 ♌46 21	19 59	20 28 02	1 50	12 55	0 11	27 55 03	9 53
24	F	8 09 22	1 43 40	19 47	5 ♍ 17 27	3 03	6 44	0 08	12 ♍ 34 27	3 N32
25	S	8 13 18	2 41 00	19 34	19 45 30	4 02	0 N21	0 05	26 50 11	2 S 48
26	Su	8 17 15	3 38 20	19 20	3 ♎48 15	4 45	5 S 52	0 ≈ 01	10 ♎ 39 38	8 49
27	M	8 21 12	4 35 41	19 07	17 24 22	5 10	11 36	29 ♑ 58	24 02 39	14 13
28	T	8 25 08	5 33 02	18 53	0 ♏ 34 45	5 18	16 38	29 55	7 ♏ 01 02	18 49
29	W	8 29 05	6 30 24	18 39	13 21 56	5 09	20 46	29 52	19 37 54	22 27
30	Th	8 33 01	7 27 46	18 24	25 49 27	4 47	23 51	29 49	1 ✗ 57 05	24 58
31	F	8 36 58	8 ♌25 09	18 N10	8 ✗ 01 19	4 S 11	25 S 47	29 ♑ 46	14 ✗ 02 40	26 S 17

D M	Mercury Lat.	Dec.	Venus Lat.	Dec.		Mars Lat.	Dec.		Jupiter Lat.	Dec.
	° ′	° ′	° ′	° ′	° ′	° ′	° ′	° ′	° ′	° ′
1	0 S 28	22 N54	2 S 42	16 N35	16 N51	0 S 40	17 N44	17 N 55	0 S 56	13 S 32
3	0 S 05	23 22	23 N 09	2 41	17 06	0 39	18 07	18 18	0 57	13 34
5	0 N18	23 41	23 33	2 38	17 36	17 51	0 38	18 29	18 40	0 57	13 37
7	0 38	23 51	23 48	2 36	18 05	18 19	0 36	18 50	19 01	0 58	13 40
9	0 57	23 51	23 53	2 33	18 33	18 46	0 35	19 11	19 21	0 58	13 44
11	1 13	23 40	23 30	2 29	18 59	19 12	0 33	19 31	19 40	0 59	13 47
13	1 26	23 17	23 02	2 25	19 24	19 36	0 32	19 50	19 59	0 59	13 51
15	1 36	22 45	22 24	2 21	19 47	19 58	0 31	20 08	20 17	0 59	13 55
17	1 43	22 02	21 38	2 17	20 09	20 19	0 29	20 26	20 34	1 00	13 59
19	1 47	21 11	20 43	2 12	20 29	20 38	0 27	20 43	20 51	1 00	14 04
21	1 48	20 13	19 41	2 07	20 47	20 55	0 26	21 00	21 06	1 01	14 08
23	1 47	19 08	18 34	2 02	21 03	21 10	0 24	21 14	21 21	1 01	14 13
25	1 43	17 58	17 22	1 57	21 17	21 23	0 23	21 28	21 35	1 02	14 18
27	1 37	16 44	16 06	1 51	21 29	21 34	0 21	21 42	21 48	1 02	14 23
29	1 28	15 27	14 N 48	1 46	21 39	21 N43	0 20	21 55	22 N 01	1 02	14 28
31	1 N18	14 N08		1 S 40	21 N47		0 S 18	22 N07		1 S 03	14 S 33

FIRST QUARTER – July 28, 22h.00m. (5°♏57′)

FULL MOON–July 7,09h.21m. (15°♑24′)

D M	☿ Long.	♀ Long.	♂ Long.	♃ Long.	♄ Long.	♅ Long.	♆ Long.	♇ Long.	☉	☿	♀	♂	♃	♄	♅	♆	♇
	° ′	° ′	° ′	° ′	° ′	° ′	° ′	° ′									
1	25♊29	25♉50	22♉27	26♒36	16♍37	26♓37	26♒11	1♑47	△					∠			⚹
2	27 25	26 54	23 10	26R 33	16 42	26R 37	26R 10	1R 45		⚼				⚹	⚼		∠
3	29♊23	27 59	23 53	26 29	16 46	26 37	26 09	1 44	⚼		☍	☍	□		△	□	⚺
4	1♋24	29♉05	24 36	26 26	16 51	26 37	26 08	1 42						□			
5	3 27	0♊10	25 19	26 22	16 55	26 37	26 07	1 41					⚹		□	⚹	
6	5 32	1 15	26 01	26 18	17 00	26 37	26 06	1 39		☍							☌
7	7 38	2 21	26 44	26 14	17 05	26 36	26 05	1 38	☍		⚼	⚼	∠	△		∠	
8	9 45	3 27	27 26	26 10	17 09	26 36	26 04	1 36			△	△	⚺	⚼	⚹	⚺	⚺
9	11 54	4 33	28 09	26 06	17 14	26 36	26 03	1 35							∠		
10	14 03	5 39	28 51	26 01	17 19	26 35	26 02	1 33					☌		⚺	☌	∠
11	16 12	6 46	29♉34	25 57	17 24	26 35	26 00	1 32	⚼	⚼	□	□					⚹
12	18 22	7 52	0♊16	25 52	17 29	26 34	25 59	1 30	△	△				☍			
13	20 31	8 59	0 58	25 47	17 34	26 34	25 58	1 29				⚹	⚺		☌	⚺	□
14	22 40	10 06	1 40	25 41	17 40	26 33	25 57	1 27			⚹	∠	∠			∠	
15	24 48	11 13	2 22	25 36	17 45	26 33	25 55	1 26	□	□	∠		⚹		⚺	⚹	
16	26 56	12 20	3 04	25 31	17 50	26 32	25 54	1 25			⚺	⚺		⚼	∠		△
17	29♋02	13 27	3 46	25 25	17 56	26 31	25 53	1 23	⚹				□	△	⚹	□	⚼
18	1♌07	14 34	4 28	25 19	18 01	26 30	25 51	1 22	∠	⚹		☌					
19	3 11	15 42	5 10	25 13	18 07	26 30	25 50	1 20	⚺	∠	☌		△	□	□	△	
20	5 13	16 49	5 51	25 07	18 12	26 29	25 49	1 19		⚺		⚺	⚼			⚼	☍
21	7 14	17 57	6 33	25 01	18 18	26 28	25 47	1 18			⚺	∠		⚹	△		
22	9 13	19 05	7 14	24 55	18 24	26 27	25 46	1 16	●	☌	∠	⚹		∠	⚼		
23	11 11	20 13	7 56	24 48	18 30	26 26	25 44	1 15			⚹		☍	⚺		☍	⚼
24	13 07	21 21	8 37	24 42	18 36	26 25	25 43	1 14	⚺			□					△
25	15 01	22 30	9 18	24 35	18 41	26 24	25 41	1 13	∠	⚺	□			☌	☍		
26	16 54	23 38	10 00	24 28	18 47	26 22	25 40	1 11	⚹	∠		△	⚼			⚼	□
27	18 44	24 46	10 41	24 22	18 53	26 21	25 38	1 10		⚹				⚺			
28	20 34	25 55	11 22	24 15	19 00	26 20	25 37	1 09	□		△	⚼	△	∠		△	⚹
29	22 21	27 04	12 02	24 08	19 06	26 19	25 35	1 08			⚼			⚹	⚼		∠
30	24 07	28 12	12 43	24 00	19 12	26 18	25 34	1 07		□			□		△	□	⚺
31	25♌51	29♊21	13♊24	23♒53	19♍18	26♓16	25♒32	1♑05	△			☍					

D M	Saturn Lat.	Saturn Dec.	Uranus Lat.	Uranus Dec.	Neptune Lat.	Neptune Dec.	Pluto Lat.	Pluto Dec.
	° ′	° ′	° ′	° ′	° ′	° ′	° ′	° ′
1	2N03	7N10	0S46	2S03	0S24	13S10	5N45	17S41
3	2 02	7 06	0 46	2 03	0 24	13 11	5 44	17 41
5	2 02	7 02	0 46	2 03	0 24	13 12	5 44	17 42
7	2 02	6 59	0 46	2 04	0 24	13 12	5 44	17 42
9	2 02	6 55	0 47	2 04	0 24	13 13	5 44	17 42
11	2 01	6 50	0 47	2 04	0 24	13 14	5 43	17 43
13	2 01	6 46	0 47	2 05	0 25	13 15	5 43	17 43
15	2 01	6 42	0 47	2 05	0 25	13 16	5 43	17 43
17	2 01	6 37	0 47	2 06	0 25	13 17	5 42	17 44
19	2 00	6 33	0 47	2 07	0 25	13 18	5 42	17 44
21	2 00	6 28	0 47	2 07	0 25	13 19	5 41	17 44
23	2 00	6 24	0 47	2 08	0 25	13 20	5 41	17 45
25	2 00	6 19	0 47	2 09	0 25	13 21	5 41	17 45
27	2 00	6 14	0 47	2 10	0 25	13 22	5 40	17 46
29	2 00	6 09	0 47	2 11	0 25	13 23	5 40	17 46
31	1N59	6N04	0S47	2S12	0S25	13S24	5N39	17S47

Mutual Aspects

1 ☿⚺♀. ☿△♆. ♀□♆. ♀±♇. ♃⚺♅. ♂⋕♇. ♅Stat.
2 ☉⚼♆. ☿△♃. ☿□♅. ♀□♃. ♀⚹♅. ☉∥☿.
3 ☉⚼♃. ☿⊥♂.
4 ☿☍♇.
5 ♂±♇. ♀⋕♇.
6 ☿Q♄. ♀▽♇. ♂□♃. ♂□♆.
7 ♂⚹♅. 8 ☿⊥♀.
9 ☉⚹♄. ☿⚼♃. ☿⚼♆.
10 ☿∠♂. ♃☌♆.
12 ☉±♃. ☉±♆. ☿⚹♄.
13 ☿±♃. ☿±♆. ♀Q♅.
14 ☉☌☿. ♂▽♇.
15 ☿▽♃.
16 ☿∠♀. ☿△♅. ☿▽♆.
17 ☉▽♃.
18 ☉▽♆. ☿▽♇.
19 ☉△♅. ☿∠♄. ☉∥♂.
20 ☿⚹♂. ☉∥☿. ☉∥♀. ☿∥♀. ☿∥♂.
21 ☿±♇. ♀□♄.
23 ☉▽♇. ☿⚼♅.
24 ☿⊥♄. ♂Q♅.
25 ☿⋕♇.
26 ☉∠♄. ☿⚼♇.
27 ☿⚺♄. ♀△♃.
28 ☿±♅. ♀□♅. ♀△♆.
30 ☉±♇. ☿☍♃. ☿⋕♃.
31 ☿Q♂. ☿▽♅. ☿☍♆.

LAST QUARTER–July15,09h.53m. (23°♈03′)

16						AUGUST	2009					[RAPHAEL'S

D	D	Sidereal	⊙	⊙	☽	☽	☽	☽		24h.	
M	W	Time	Long.	Dec.	Long.	Lat.	Dec.	Node	☽ Long.	☽ Dec.

		h m s	° ′ ″	° ′	° ′ ″	° ′	° ′	° ′	° ′	° ′
1	S	8 40 54	9 ♌ 22 32	17 N54	20 ✗ 01 38	3 S 25	26 S 29	29 ♑ 42	25 ✗ 58 41	26 S 22
2	Su	8 44 51	10 19 56	17 39	1 ♑ 54 18	2 31	25 57	29 39	7 ♑ 48 53	25 14
3	M	8 48 47	11 17 21	17 23	13 42 52	1 31	24 14	29 36	19 36 36	22 59
4	T	8 52 44	12 14 46	17 08	25 30 28	0 S 26	21 28	29 33	1 ≈ 24 47	19 44
5	W	8 56 41	13 12 13	16 51	7 ≈ 19 51	0 N39	17 49	29 30	13 15 57	15 42
6	Th	9 00 37	14 09 40	16 35	19 13 22	1 43	13 25	29 26	25 12 21	11 01
7	F	9 04 34	15 07 08	16 18	1 ✕ 13 08	2 43	8 30	29 23	7 ✕ 15 59	5 53
8	S	9 08 30	16 04 38	16 01	13 21 08	3 36	3 S 13	29 20	19 28 50	0 S 29
9	Su	9 12 27	17 02 08	15 44	25 39 18	4 20	2 N15	29 17	1 ♈ 52 50	5 N00
10	M	9 16 23	17 59 40	15 26	8 ♈ 09 39	4 53	7 43	29 14	14 30 02	10 23
11	T	9 20 20	18 57 13	15 09	20 54 16	5 12	12 58	29 11	27 22 36	15 26
12	W	9 24 16	19 54 48	14 51	3 ♉ 55 18	5 15	17 45	29 07	10 ♉ 32 38	19 53
13	Th	9 28 13	20 52 24	14 32	17 14 49	5 01	21 48	29 04	24 02 02	23 26
14	F	9 32 10	21 50 02	14 10	0 ♊ 54 26	4 31	24 45	29 01	7 ♊ 52 06	25 43
15	S	9 36 06	22 47 41	13 55	14 54 59	3 44	26 18	28 58	22 03 00	26 26
16	Su	9 40 03	23 45 22	13 36	29 15 54	2 42	26 08	28 55	6 ♋ 33 22	25 23
17	M	9 43 59	24 43 04	13 17	13 ♋ 54 52	1 28	24 10	28 52	21 19 47	22 32
18	T	9 47 56	25 40 48	12 58	28 47 21	0 N07	20 31	28 48	6 ♌ 16 42	18 09
19	W	9 51 52	26 38 33	12 38	13 ♌ 46 49	1 S 15	15 30	28 45	21 16 41	12 37
20	Th	9 55 49	27 36 20	12 18	28 45 13	2 31	9 33	28 42	6 ♍ 11 20	6 N22
21	F	9 59 45	28 34 07	11 58	13 ♍ 34 01	3 36	3 N08	28 39	20 52 22	0 S 07
22	S	10 03 42	29 ♌ 31 57	11 38	28 05 34	4 26	3 S 19	28 36	5 ♎ 12 57	6 25
23	Su	10 07 39	0 ♍ 29 47	11 18	12 ♎ 14 03	4 58	9 25	28 32	19 08 32	12 14
24	M	10 11 35	1 27 39	10 57	25 56 16	5 12	14 52	28 29	2 ♏ 37 14	17 16
25	T	10 15 32	2 25 32	10 37	9 ♏ 11 35	5 09	19 26	28 26	15 39 37	21 19
26	W	10 19 28	3 23 26	10 16	22 01 41	4 50	22 56	28 23	28 18 16	24 15
27	Th	10 23 25	4 21 22	9 55	4 ✗ 29 54	4 17	25 15	28 20	10 ✗ 37 08	25 57
28	F	10 27 21	5 19 19	9 34	16 40 35	3 34	26 19	28 17	22 40 53	26 23
29	S	10 31 18	6 17 17	9 12	28 38 39	2 42	26 08	28 13	4 ♑ 34 30	25 35
30	Su	10 35 14	7 15 16	8 51	10 ♑ 29 02	1 43	24 45	28 10	16 22 49	23 38
31	M	10 39 11	8 ♍ 13 17	8 N29	22 ♑ 16 26	0 S 41	22 S 16	28 ♑ 07	28 ♑ 10 21	20 S 40

D	Mercury		Venus		Mars		Jupiter	
M	Lat.	Dec.	Lat.	Dec.	Lat.	Dec.	Lat.	Dec.

	° ′	° ′	° ′	° ′	° ′	° ′	° ′	° ′
1	1 N12	13 N27	12 N 47	1 S 37	21 N50	21 N52	0 S 17	22 N12	22 N 18	1 S 03	14 S 35
3	1 00	12 06	11 24	1 30	21 54	21 56	0 15	22 23	22 28	1 03	14 41
5	0 46	10 43	10 02	1 24	21 56	21 57	0 14	22 33	22 38	1 04	14 46
7	0 31	9 20	8 39	1 18	21 56	21 55	0 12	22 43	22 47	1 04	14 51
9	0 N15	7 58	7 17	1 11	21 54	21 51	0 10	22 51	22 55	1 04	14 57
11	0 S 03	6 36	5 56	1 05	21 49	21 45	0 08	22 59	23 02	1 04	15 02
13	0 21	5 16	4 36	0 58	21 42	21 37	0 06	23 06	23 09	1 05	15 07
15	0 39	3 57	3 18	0 52	21 32	21 26	0 05	23 12	23 15	1 05	15 13
17	0 59	2 39	2 02	0 45	21 20	21 13	0 03	23 17	23 20	1 05	15 18
19	1 18	1 25	0 N 49	0 38	21 05	20 57	0 S 01	23 22	23 24	1 05	15 23
21	1 38	0 N13	0 S 21	0 32	20 49	20 39	0 N 01	23 26	23 27	1 05	15 28
23	1 58	0 S 55	1 27	0 25	20 30	20 19	0 03	23 29	23 30	1 06	15 33
25	2 18	1 59	2 29	0 19	20 08	19 57	0 05	23 31	23 32	1 06	15 38
27	2 37	2 58	3 26	0 12	19 44	19 32	0 07	23 33	23 34	1 06	15 43
29	2 56	3 52	4 S 16	0 S 06	19 18	19 05	0 09	23 34	23 N 34	1 06	15 48
31	3 S 14	4 S 38		0 00	18 N50	19 N05	0 N 11	23 N34		1 S 06	15 S 52

EPHEMERIS]					AUGUST 2009													17
D	☿	♀	♂	♃	♄	♅	♆	♇	Lunar Aspects									
M	Long.	Long.	Long.	Long.	Long.	Long.	Long.	Long.	☉	☿	♀	♂	♃	♄	♅	♆	♇
	° ′	° ′	° ′	° ′	° ′	° ′	° ′	° ′									
1	27♌33	0♋30	14♊05	23♒46	19♍24	26♓15	25♒31	1♑04	⚼				⚹	□		⚹	
2	29♌14	1 39	14 45	23R 38	19 31	26R 13	25R 29	1R 03		△	☍				□		☌
3	0♍53	2 49	15 26	23 31	19 37	26 12	25 28	1 02		⚼			∠			∠	
4	2 30	3 58	16 06	23 24	19 44	26 10	25 26	1 01					⚺	△	⚹	⚺	⚺
5	4 06	5 07	16 46	23 16	19 50	26 09	25 25	1 00				⚼		⚼	∠		
6	5 40	6 17	17 26	23 08	19 57	26 07	25 23	0 59	☍		⚼	△	☌				∠
7	7 12	7 27	18 06	23 01	20 03	26 06	25 21	0 58							⚺	☌	⚹
8	8 43	8 36	18 46	22 53	20 10	26 04	25 20	0 57		☍	△	□					
9	10 12	9 46	19 26	22 45	20 16	26 02	25 18	0 56					⚺	☍	☌	⚺	□
10	11 40	10 56	20 06	22 37	20 23	26 01	25 17	0 55	⚼		□		∠			∠	
11	13 05	12 06	20 46	22 30	20 30	25 59	25 15	0 54	△			⚹	⚹		⚺	⚹	
12	14 29	13 16	21 26	22 22	20 37	25 57	25 13	0 53		⚼		∠		⚼			△
13	15 51	14 26	22 05	22 14	20 43	25 55	25 12	0 52	□	△	⚹	⚺	□	△	∠		⚼
14	17 12	15 37	22 45	22 06	20 50	25 54	25 10	0 52			∠				⚹	□	
15	18 30	16 47	23 24	21 58	20 57	25 52	25 08	0 51		□	⚺		△	□			
16	19 47	17 58	24 03	21 50	21 04	25 50	25 07	0 50	⚹			☌			□	△	☍
17	21 02	19 08	24 42	21 43	21 11	25 48	25 05	0 49	∠		☌		⚼	⚹		⚼	
18	22 15	20 19	25 21	21 35	21 18	25 46	25 03	0 48	⚺	⚹		⚺			△		
19	23 26	21 30	26 00	21 27	21 25	25 44	25 02	0 48		∠		∠		∠	⚼		⚼
20	24 34	22 41	26 39	21 19	21 32	25 42	25 00	0 47	☌	⚺	⚺	⚹	☍	⚺		☍	△
21	25 40	23 52	27 18	21 11	21 39	25 40	24 59	0 46			∠						
22	26 44	25 03	27 56	21 04	21 46	25 38	24 57	0 46	⚺	☌	⚹	□		☌	☍		□
23	27 46	26 14	28 35	20 56	21 53	25 36	24 55	0 45	∠				⚼			⚼	
24	28 45	27 25	29 13	20 48	22 00	25 34	24 54	0 45	⚹	⚺	□	△	△	⚺		△	⚹
25	29♍41	28 36	29♊52	20 41	22 08	25 31	24 52	0 44		∠		⚼		∠	⚼		
26	0♎35	29♋48	0♋30	20 33	22 15	25 29	24 50	0 44					□	⚹	△	□	∠
27	1 25	0♌59	1 08	20 26	22 22	25 27	24 49	0 43	□	⚹	△						⚺
28	2 12	2 10	1 46	20 19	22 29	25 25	24 47	0 43			⚼		⚹	□			
29	2 56	3 22	2 24	20 11	22 37	25 23	24 46	0 42		□		☍			□	⚹	☌
30	3 36	4 34	3 01	20 04	22 44	25 20	24 44	0 42	△				∠			∠	
31	4♎12	5♌45	3♋39	19♒57	22♍51	25♓18	24♒42	0♑42	⚼				⚺	△	⚹	⚺	

D	Saturn		Uranus		Neptune		Pluto	
M	Lat.	Dec.	Lat.	Dec.	Lat.	Dec.	Lat.	Dec.
	° ′	° ′	° ′	° ′	° ′	° ′	° ′	° ′
1	1N59	6N01	0S47	2S13	0S25	13S24	5N39	17S47
3	1 59	5 56	0 47	2 14	0 25	13 25	5 39	17 47
5	1 59	5 51	0 47	2 15	0 25	13 27	5 38	17 48
7	1 59	5 46	0 47	2 17	0 25	13 28	5 38	17 48
9	1 59	5 40	0 47	2 18	0 25	13 29	5 37	17 49
11	1 59	5 35	0 48	2 19	0 25	13 30	5 37	17 49
13	1 58	5 29	0 48	2 21	0 25	13 31	5 36	17 50
15	1 58	5 24	0 48	2 22	0 25	13 32	5 36	17 50
17	1 58	5 18	0 48	2 24	0 25	13 33	5 35	17 51
19	1 58	5 13	0 48	2 26	0 25	13 34	5 35	17 51
21	1 58	5 07	0 48	2 27	0 25	13 35	5 34	17 52
23	1 58	5 02	0 48	2 29	0 25	13 37	5 34	17 52
25	1 58	4 56	0 48	2 31	0 25	13 38	5 33	17 53
27	1 58	4 50	0 48	2 32	0 25	13 39	5 33	17 53
29	1 58	4 44	0 48	2 34	0 25	13 40	5 32	17 54
31	1N58	4N39	0S48	2S36	0S25	13S41	5N32	17S54

Mutual Aspects

1 ♀☍♇. ☉⫲♇. ☿⫲♆.
3 ☉⚼♅. ☿△♇.
6 ☉⊥♄. 7 ♀⚼♃.
8 ☉⚼♇. ☿⚹♀. ♀Q♄.
9 ♀⚼♆.
11 ♂□♄. ☉⫲♃.
12 ☉±♅.
13 ☉⚺♄. ♂△♃. ☿∥♄.
14 ☉☍♃. ♀±♃.
15 ☉⊥♀. 16 ☉⫲♆.
17 ☉⚹♂. ☉☍♆. ☿☌♄. ♀±♆. ☿⫲♅.
18 ☉⚻♅. ☿⚻♃. ♂△♆.
19 ♀⚻♃. ♀⚹♄. ♂□♅. ♃⚻♄.
20 ☿⚻♆. 21 ☿☍♅.
22 ☿±♃. ♀△♅. ♀⚻♆.
23 ☉△♇.
26 ☿□♂. ☿±♆. ☿□♇. ♂☍♇. ☿∥♅.
27 ♀⚺♂. ♀⚻♇.
28 ☿⚹♀. 31 ☿⫲♄.

NEW MOON–Sep.18,18h.44m. (25°♍59′)

D	D	Sidereal	⊙	⊙	☽	☽	☽	☽	24h.	
M	W	Time	Long.	Dec.	Long.	Lat.	Dec.	Node	☽ Long.	☽ Dec.

		h m s	° ′ ″	° ′	° ′ ″	° ′	° ′	° ′	° ′ ″	° ′
1	T	10 43 08	9♍11 19	8 N07	4≈05 05	0 N23	18 S 51	28 ♑ 04	10 ≈ 01 02	16 S 51
2	W	10 47 04	10 09 23	7 46	15 58 36	1 27	14 40	28 01	21 58 07	12 20
3	Th	10 51 01	11 07 28	7 24	27 59 53	2 27	9 52	27 58	4 ✠ 04 09	7 18
4	F	10 54 57	12 05 35	7 02	10 ✠ 11 06	3 21	4 S 38	27 54	16 20 55	1 S 55
5	S	10 58 54	13 03 44	6 39	22 33 41	4 07	0 N50	27 51	28 49 31	3 N36
6	Su	11 02 50	14 01 54	6 17	5 ♈08 28	4 41	6 21	27 48	11 ♈ 30 34	9 03
7	M	11 06 47	15 00 06	5 55	17 55 49	5 02	11 41	27 45	24 24 16	14 13
8	T	11 10 43	15 58 20	5 32	0 ♉ 55 55	5 08	16 36	27 42	7 ♉ 30 46	18 49
9	W	11 14 40	16 56 36	5 09	14 08 52	4 57	20 49	27 38	20 50 14	22 33
10	Th	11 18 37	17 54 54	4 47	27 34 55	4 31	24 01	27 35	4 ♊ 22 58	25 08
11	F	11 22 33	18 53 14	4 24	11 ♊ 14 25	3 48	25 54	27 32	18 09 20	26 16
12	S	11 26 30	19 51 37	4 01	25 08 28	2 52	26 13	27 29	2 ♋ 09 31	25 44
13	Su	11 30 26	20 50 01	3 38	9 ♋14 43	1 44	24 51	27 26	16 23 09	23 33
14	M	11 34 23	21 48 28	3 15	23 34 37	0 N29	21 51	27 23	0 ♌ 48 47	19 49
15	T	11 38 19	22 46 57	2 52	8 ♌05 15	0 S49	17 27	27 19	15 23 28	14 50
16	W	11 42 16	23 45 28	2 29	22 42 48	2 04	11 59	27 16	0 ♍ 02 31	8 59
17	Th	11 46 12	24 44 00	2 06	7♍21 48	3 11	5 N51	27 13	14 39 47	2 N40
18	F	11 50 09	25 42 35	1 42	21 55 36	4 05	0 S33	27 10	29 08 22	3 S43
19	S	11 54 06	26 41 12	1 19	6 ♎17 16	4 42	6 49	27 07	13 ♎ 21 34	9 47
20	Su	11 58 02	27 39 51	0 56	20 20 40	5 02	12 36	27 04	27 14 03	15 13
21	M	12 01 59	28 38 31	0 32	4 ♏01 24	5 03	17 36	27 00	10 ♏ 42 33	19 44
22	T	12 05 55	29♍37 13	0 N09	17 17 26	4 48	21 36	26 57	23 46 12	23 09
23	W	12 09 52	0 ♎35 57	0 S14	0 ♐ 09 05	4 19	24 23	26 54	6 ♐ 26 25	25 19
24	Th	12 13 48	1 34 43	0 38	12 38 41	3 37	25 54	26 51	18 46 23	26 10
25	F	12 17 45	2 33 31	1 01	24 50 07	2 47	26 07	26 48	0 ♑ 50 32	25 46
26	S	12 21 41	3 32 20	1 24	6 ♑48 17	1 50	25 06	26 44	12 44 03	24 10
27	Su	12 25 38	4 31 11	1 48	18 38 31	0 S49	22 57	26 41	24 32 23	21 31
28	M	12 29 35	5 30 04	2 11	0 ≈26 16	0 N13	19 50	26 38	6 ≈ 20 51	17 53
29	T	12 33 31	6 28 58	2 34	12 16 43	1 16	15 54	26 35	18 14 26	13 41
30	W	12 37 28	7 ♎27 54	2 S58	24 ≈14 30	2 N15	11 S 19	26 ♑ 32	0 ✠ 17 22	8 S 49

D		Mercury			Venus			Mars			Jupiter		
M	Lat.		Dec.		Lat.		Dec.		Lat.		Dec.		Lat.	Dec.

M	Lat.	Dec.		Lat.	Dec.		Lat.	Dec.		Lat.	Dec.
	° ′	° ′	° ′	° ′	° ′	° ′	° ′	° ′	° ′	° ′	° ′
1	3 S 23	4 S 59	5 S 17	0 N 04	18 N35	18 N20	0 N 12	23 N34	23 N 34	1 S 06	15 S 55
3	3 39	5 34	5 47	0 10	18 04	17 48	0 14	23 34	23 33	1 06	15 59
5	3 53	5 58	6 06	0 16	17 31	17 13	0 16	23 32	23 31	1 06	16 03
7	4 03	6 12	6 13	0 21	16 55	16 37	0 18	23 30	23 29	1 06	16 07
9	4 10	6 12	6 06	0 27	16 18	15 59	0 21	23 28	23 26	1 06	16 11
11	4 13	5 57	5 44	0 33	15 39	15 19	0 23	23 25	23 23	1 06	16 15
13	4 09	5 26	5 05	0 38	14 58	14 37	0 25	23 21	23 19	1 06	16 18
15	3 58	4 39	4 10	0 43	14 15	13 53	0 27	23 16	23 14	1 06	16 21
17	3 40	3 38	3 02	0 48	13 31	13 08	0 29	23 12	23 09	1 06	16 24
19	3 14	2 24	1 45	0 53	12 45	12 21	0 32	23 06	23 03	1 06	16 27
21	2 42	1 S 04	0 S 23	0 57	11 58	11 33	0 34	23 00	22 57	1 06	16 30
23	2 04	0 N16	0 N 54	1 01	11 09	10 44	0 37	22 54	22 51	1 05	16 32
25	1 24	1 30	2 02	1 05	10 19	9 53	0 39	22 47	22 44	1 05	16 34
27	0 44	2 30	2 54	1 09	9 28	9 01	0 41	22 40	22 36	1 05	16 36
29	0 S 07	3 14	3 N 28	1 13	8 35	8 N09	0 44	22 32	22 N 28	1 05	16 38
31	0 N27	3 N37		1 N 16	7 N42		0 N 46	22 N24		1 S 05	16 S 39

FIRST QUARTER–Sep.26,04h.50m. (3°♑15′)

FULL MOON–Sep. 4,16h.03m. (12°♓15′)

D M	☿ Long.	♀ Long.	♂ Long.	♃ Long.	♄ Long.	♅ Long.	♆ Long.	♇ Long.	☉	☿	♀	♂	♃	♄	♅	♆	♇
	° ′	° ′	° ′	° ′	° ′	° ′	° ′	° ′									
1	4♎44	6♌57	4♋16	19♒50	22♍59	25♓16	24♒41	0♑41		△	☍			⚼			⚺
2	5 11	8 09	4 54	19R 43	23 06	25R 14	24R 39	0R 41		⚼		⚼	☌		∠		∠
3	5 34	9 21	5 31	19 36	23 13	25 11	24 38	0 41							⚺	☌	⚹
4	5 52	10 33	6 08	19 30	23 21	25 09	24 36	0 40	☍			△					
5	6 05	11 45	6 45	19 23	23 28	25 07	24 35	0 40			⚼		⚺	☍	☌	⚺	
6	6 12	12 57	7 22	19 16	23 35	25 04	24 33	0 40		☍		□	∠			∠	□
7	6R 13	14 10	7 59	19 10	23 43	25 02	24 32	0 40			△		⚹				
8	6 08	15 22	8 36	19 04	23 50	25 00	24 30	0 40	⚼						⚺	⚹	△
9	5 57	16 34	9 12	18 58	23 58	24 57	24 29	0 40	△	⚼	□	⚹	□	⚼	∠		⚼
10	5 39	17 47	9 49	18 52	24 05	24 55	24 27	0 40				∠		△	⚹	□	
11	5 14	18 59	10 25	18 46	24 13	24 53	24 26	0 40		△		⚺					
12	4 43	20 12	11 01	18 40	24 20	24 50	24 24	0D 40	□		⚹		△	□	□	△	☍
13	4 06	21 25	11 37	18 35	24 28	24 48	24 23	0 40		□	∠	●	⚼			⚼	
14	3 22	22 37	12 13	18 29	24 35	24 45	24 21	0 40	⚹		⚺			⚹	△		
15	2 33	23 50	12 49	18 24	24 43	24 43	24 20	0 40	∠	⚹		⚺		∠	⚼		
16	1 38	25 03	13 24	18 19	24 50	24 41	24 19	0 40	⚺	∠	☌	∠	☍	⚺		☍	⚼
17	0♎39	26 16	14 00	18 14	24 58	24 38	24 17	0 40		⚺		⚹					△
18	29♍38	27 29	14 35	18 09	25 05	24 36	24 16	0 40	☌	●	⚺			☌	☍		
19	28 34	28 42	15 10	18 05	25 13	24 33	24 15	0 40					⚼			⚼	□
20	27 30	29♌55	15 45	18 00	25 20	24 31	24 13	0 41		⚺	∠	□	△	⚺		△	
21	26 27	1♍09	16 20	17 56	25 27	24 29	24 12	0 41	⚺		⚹			∠	⚼		⚹
22	25 27	2 22	16 55	17 52	25 35	24 26	24 11	0 41	∠	∠		△	□				∠
23	24 31	3 35	17 29	17 48	25 42	24 24	24 09	0 42	⚹	⚹	□	⚼		⚹	△	□	⚺
24	23 41	4 48	18 04	17 44	25 50	24 21	24 08	0 42					⚹				
25	22 58	6 02	18 38	17 41	25 57	24 19	24 07	0 43		□				□	□	⚹	☌
26	22 24	7 15	19 12	17 37	26 05	24 17	24 06	0 43	□		△		∠			∠	
27	21 58	8 29	19 46	17 34	26 12	24 14	24 05	0 43		△	⚼	☍	⚺		⚹	⚺	
28	21 42	9 42	20 20	17 31	26 20	24 12	24 04	0 44	△					△			⚺
29	21 37	10 56	20 53	17 29	26 27	24 10	24 02	0 45		⚼			☌	⚼	∠		∠
30	21♍41	12♍10	21♋27	17♒26	26♍34	24♓07	24♒01	0♑45	⚼						⚺	☌	
	D																

D M	Saturn Lat.	Saturn Dec.	Uranus Lat.	Uranus Dec.	Neptune Lat.	Neptune Dec.	Pluto Lat.	Pluto Dec.
	° ′	° ′	° ′	° ′	° ′	° ′	° ′	° ′
1	1N58	4N36	0S48	2S37	0S25	13S41	5N32	17S55
3	1 58	4 30	0 48	2 39	0 25	13 43	5 31	17 55
5	1 58	4 24	0 48	2 41	0 25	13 44	5 30	17 56
7	1 58	4 18	0 48	2 42	0 25	13 45	5 30	17 56
9	1 58	4 12	0 48	2 44	0 25	13 46	5 29	17 57
11	1 58	4 06	0 48	2 46	0 25	13 47	5 29	17 57
13	1 58	4 00	0 48	2 48	0 25	13 48	5 28	17 58
15	1 58	3 55	0 48	2 50	0 25	13 48	5 28	17 59
17	1 58	3 49	0 48	2 52	0 25	13 49	5 27	17 59
19	1 58	3 43	0 48	2 54	0 25	13 50	5 27	18 00
21	1 58	3 37	0 48	2 56	0 25	13 51	5 26	18 00
23	1 59	3 31	0 48	2 58	0 25	13 52	5 26	18 01
25	1 59	3 25	0 48	2 59	0 25	13 53	5 25	18 01
27	1 59	3 20	0 48	3 01	0 25	13 54	5 24	18 02
29	1 59	3 14	0 48	3 03	0 25	13 54	5 24	18 02
31	1N59	3N08	0S48	3S05	0S25	13S55	5N23	18S03

Mutual Aspects

1 ☿⚼♃. ♀±♇.
2 ♀∠♄. ♂⚼♃.
3 ☿□♂.
4 ♀⚼♅. ♀#♇.
6 ☉#☿.
7 ♀⊥♂. ☿Stat.
8 ♀⚼♇.
9 ♂⚼♆. ♃⊥♅. ♀#♃.
10 ♀⊥♄.
11 ☉⚺♀. ☉∇♃. ♀☍♃. ♀±♅. ♇Stat.
12 ☿∠♀. ♄∇♆. ☉‖♄.
14 ☿⚼♃. ♂±♃. ♃±♄.
15 ♀☍♆. ♂Q♄. ♄☍♅. ☉#♅.
16 ☿⊥♀. ♀⚺♄. ♀∇♅. ♀#♆.
17 ☉±♃. ☉☌♄. ☉☍♅. ☉∇♆. ☿±♆.
☿□♇. ☿#♄.
18 ☿‖♅.
19 ☿⚺♀.
20 ☉☌☿. ☉Q♂. ☿Q♂.
21 ♀∠♂. ♀△♇.
22 ☿☌♄.
23 ☉±♆. ☉□♇. ☿☍♅. ☿∇♆. ♂∇♃.
☉‖☿. ☉#☿.
24 ☿±♃. ♂±♆.
25 ☉⚼♃.
28 ☿#♅.
29 ☿‖♄. ☿Stat.
30 ☉‖♅.

LAST QUARTER–Sep.12,02h.16m. (19°♊28′)

NEW MOON – Oct.18,05h.33m. (24°≏59′)

D M	D W	Sidereal Time	☉ Long.	☉ Dec.	☽ Long.	☽ Lat.	☽ Dec.	Node	☽ Long. 24h.	☽ Dec.
		h m s	° ′ ″	° ′	° ′ ″	° ′	° ′	° ′	° ′ ″	° ′
1	Th	12 41 24	8≏26 52	3 S 21	6 ♓ 23 26	3 N09	6 S 14	26 ♑ 29	12 ♓ 33 00	3 S 33
2	F	12 45 21	9 25 52	3 44	18 46 20	3 56	0 S 50	26 25	25 03 34	1 N56
3	S	12 49 17	10 24 54	4 07	1 ♈ 24 48	4 31	4 N42	26 22	7 ♈ 50 01	7 27
4	Su	12 53 14	11 23 57	4 31	14 19 10	4 54	10 09	26 19	20 52 07	12 46
5	M	12 57 10	12 23 03	4 54	27 28 39	5 01	15 15	26 16	4 ♉ 08 33	17 35
6	T	13 01 07	13 22 11	5 17	10 ♉ 51 32	4 52	19 42	26 13	17 37 21	21 35
7	W	13 05 04	14 21 21	5 40	24 25 42	4 27	23 11	26 10	1 ♊ 16 20	24 28
8	Th	13 09 00	15 20 34	6 02	8 ♊ 09 00	4 23	25 23	26 06	15 03 30	25 55
9	F	13 12 57	16 19 48	6 25	21 59 40	2 52	26 03	26 03	28 57 22	25 46
10	S	13 16 53	17 19 06	6 48	5 ♋ 56 31	1 46	25 05	26 00	12 ♋ 57 02	23 59
11	Su	13 20 50	18 18 25	7 11	19 58 52	0 N34	22 31	25 57	27 01 55	20 42
12	M	13 24 46	19 17 47	7 33	4 ♌ 06 07	0 S 40	18 35	25 54	11 ♌ 11 21	16 11
13	T	13 28 43	20 17 11	7 56	18 17 26	1 53	13 33	25 50	25 24 07	10 45
14	W	13 32 39	21 16 37	8 18	2 ♍ 31 06	2 58	7 48	25 47	9 ♍ 38 00	4 N46
15	Th	13 36 36	22 16 06	8 40	16 44 20	3 53	1 N40	25 44	23 49 36	1 S 26
16	F	13 40 33	23 15 36	9 02	0 ≏ 53 12	4 32	4 S 31	25 41	7 ≏ 54 32	7 31
17	S	13 44 29	24 15 09	9 24	14 53 01	4 55	10 23	25 38	21 48 03	13 07
18	Su	13 48 26	25 14 44	9 46	28 39 06	5 00	15 40	25 35	5 ♏ 25 42	17 59
19	M	13 52 22	26 14 21	10 08	12 ♏ 07 30	4 48	20 02	25 31	18 44 13	21 44
20	T	13 56 19	27 14 00	10 29	25 15 43	4 21	23 18	25 28	1 ✶ 41 58	24 27
21	W	14 00 15	28 13 41	10 51	8 ✶ 03 05	3 41	25 17	25 25	14 19 14	25 47
22	Th	14 04 12	29 ≏ 13 24	11 12	20 30 46	2 52	25 57	25 22	26 38 03	25 48
23	F	14 08 08	0 ♏ 13 08	11 33	2 ♑ 41 34	1 55	25 20	25 19	8 ♑ 41 53	24 34
24	S	14 12 05	1 12 54	11 54	14 39 35	0 S 54	23 22	25 15	20 35 20	22 15
25	Su	14 16 02	2 12 42	12 14	26 29 47	0 N08	20 43	25 12	2 ≈ 23 38	18 54
26	M	14 19 58	3 12 32	12 35	8 ≈ 17 35	1 10	17 04	25 09	14 12 20	14 58
27	T	14 23 55	4 12 23	12 55	20 08 34	2 09	12 43	25 06	26 06 58	10 21
28	W	14 27 51	5 12 16	13 15	2 ♓ 08 09	3 04	7 51	25 03	8 ♓ 12 41	5 S 16
29	Th	14 31 48	6 12 10	13 35	14 21 07	3 50	2 S 37	25 00	20 33 52	0 N06
30	F	14 35 44	7 12 06	13 55	26 51 20	4 27	2 N50	24 56	3 ♈ 13 46	5 35
31	S	14 39 41	8 ♏ 12 04	14 S 14	9 ♈ 41 21	4 N52	8 N18	24 ♑ 53	16 ♈ 14 08	10 N58

D M	Mercury			Venus			Mars			Jupiter	
	Lat.	Dec.		Lat.	Dec.		Lat.	Dec.		Lat.	Dec.
	° ′	° ′	° ′	° ′	° ′	° ′	° ′	° ′	° ′	° ′	° ′
1	0 N27	3 N37		1 N 16	7 N42		0 N 46	22 N24		1 S 05	16 S 39
3	0 56	3 40	3 N 41	1 19	6 47	7 N15	0 49	22 16	22 N 20	1 05	16 40
5	1 19	3 23	3 34	1 22	5 52	6 20	0 52	22 07	22 12	1 05	16 41
7	1 36	2 49	3 08	1 24	4 56	5 24	0 54	21 58	22 03	1 04	16 42
9	1 48	2 01	2 27	1 26	4 00	4 28	0 57	21 49	21 54	1 04	16 42
			1 32			3 31			21 44		
11	1 56	1 N00		1 28	3 03		1 00	21 40		1 04	16 42
13	1 59	0 S 10	0 N 26	1 29	2 05	2 34	1 02	21 30	21 35	1 04	16 42
15	1 58	1 26	0 S 47	1 31	1 07	1 36	1 05	21 20	21 25	1 04	16 42
17	1 55	2 47	2 06	1 32	0 N09	0 N38	1 08	21 10	21 15	1 03	16 41
19	1 49	4 11	3 29	1 32	0 S 50	0 S 21	1 11	21 00	21 05	1 03	16 40
			4 53			1 19			20 55		
21	1 41	5 36		1 33	1 48		1 14	20 50		1 03	16 39
23	1 32	7 02	6 19	1 33	2 47	2 18	1 17	20 39	20 45	1 03	16 38
25	1 21	8 26	7 44	1 33	3 45	3 16	1 20	20 29	20 34	1 02	16 36
27	1 10	9 50	9 09	1 32	4 44	4 15	1 23	20 19	20 24	1 02	16 34
29	0 57	11 12	10 31	1 31	5 41	5 13	1 27	20 09	20 14	1 02	16 32
31	0 N45	12 S 32	11 S 52	1 N 30	6 S 39	6 S 10	1 N 30	19 N58	20 N 04	1 S 02	16 S 30

FIRST QUARTER – Oct.26,00h.42m. (2°≈44′)

FULL MOON – Oct. 4,06h.10m. (11°♈10′)

D M	☿ Long.	♀ Long.	♂ Long.	♃ Long.	♄ Long.	♅ Long.	♆ Long.	♇ Long.	☉	☿	♀	♂	♃	♄	♅	♆	♇
	° ′	° ′	° ′	° ′	° ′	° ′	° ′	° ′									
1	21♍56	13♍24	22♋00	17♒24	26♍42	24♓05	24♒00	0♑46				⚼					⚹
2	22 21	14 37	22 33	17R 21	26 49	24R 03	23R 59	0 46		☍	☍	△	⚺		☌	⚺	
3	22 55	15 51	23 06	17 19	26 57	24 00	23 58	0 47					∠	☍			□
4	23 39	17 05	23 38	17 17	27 04	23 58	23 57	0 48	☍				⚹			∠	
5	24 30	18 19	24 11	17 16	27 11	23 56	23 56	0 48			⚼	□			⚺	⚹	△
6	25 30	19 33	24 43	17 14	27 19	23 54	23 55	0 49		⚼			□	⚼	∠		⚼
7	26 36	20 47	25 15	17 13	27 26	23 51	23 54	0 50	⚼	△	△	⚹		△	⚹	□	
8	27 48	22 01	25 47	17 12	27 33	23 49	23 54	0 51				∠					
9	29♍06	23 15	26 19	17 11	27 40	23 47	23 53	0 52	△		□	⚺	△	□	□	△	
10	0♎29	24 29	26 51	17 11	27 48	23 45	23 52	0 53		□			⚼			⚼	☍
11	1 56	25 44	27 22	17 10	27 55	23 43	23 51	0 53	□		⚹				△		
12	3 26	26 58	27 53	17 10	28 02	23 41	23 50	0 54		⚹		●		⚹	⚼		
13	4 59	28 12	28 24	17D 10	28 09	23 39	23 50	0 55	⚹	∠	∠		☍	∠		☍	⚼
14	6 34	29♍27	28 55	17 10	28 16	23 37	23 49	0 56	∠	⚺	⚺	⚺		⚺			△
15	8 11	0♎41	29 25	17 11	28 23	23 35	23 48	0 57	⚺			∠			☍		
16	9 50	1 55	29♋56	17 11	28 30	23 33	23 48	0 58			☌	⚹	⚼	☌			□
17	11 30	3 10	0♌26	17 12	28 37	23 31	23 47	1 00		☌			△			⚼	
18	13 11	4 24	0 55	17 13	28 44	23 29	23 46	1 01	☌		⚺	□		⚺		△	⚹
19	14 52	5 39	1 25	17 14	28 51	23 27	23 46	1 02		⚺			□	∠	⚼		∠
20	16 34	6 54	1 54	17 15	28 58	23 25	23 45	1 03	⚺		∠			⚹	△	□	⚺
21	18 16	8 08	2 23	17 17	29 05	23 23	23 45	1 04	∠	∠	⚹	△					
22	19 58	9 23	2 52	17 19	29 12	23 21	23 44	1 05		⚹		⚼	⚹		□	⚹	
23	21 41	10 38	3 21	17 21	29 19	23 19	23 44	1 07	⚹				∠	□			☌
24	23 23	11 52	3 49	17 23	29 25	23 18	23 44	1 08			□		⚺			∠	
25	25 04	13 07	4 17	17 25	29 32	23 16	23 43	1 09		□				△	⚹	⚺	⚺
26	26 46	14 22	4 45	17 28	29 39	23 14	23 43	1 11	□			☍			∠		
27	28♎27	15 37	5 12	17 30	29 45	23 13	23 43	1 12			△		☌	⚼	⚺	☌	∠
28	0♏08	16 51	5 40	17 33	29 52	23 11	23 42	1 13	△	△	⚼						⚹
29	1 48	18 06	6 07	17 37	29♍59	23 09	23 42	1 15		⚼			⚺				
30	3 28	19 21	6 33	17 40	0♎05	23 08	23 42	1 16	⚼			⚼	∠	☍	☌	⚺	□
31	5♏08	20♎36	7♌00	17♒43	0♎12	23♓06	23♒42	1♑18				△				∠	

D M	Saturn Lat.	Saturn Dec.	Uranus Lat.	Uranus Dec.	Neptune Lat.	Neptune Dec.	Pluto Lat.	Pluto Dec.
	° ′	° ′	° ′	° ′	° ′	° ′	° ′	° ′
1	1N59	3N08	0S48	3S05	0S25	13S55	5N23	18S03
3	1 59	3 02	0 48	3 07	0 25	13 56	5 23	18 03
5	1 59	2 57	0 48	3 08	0 25	13 56	5 22	18 04
7	2 00	2 51	0 48	3 10	0 25	13 57	5 22	18 04
9	2 00	2 45	0 48	3 12	0 25	13 58	5 21	18 05
11	2 00	2 40	0 48	3 14	0 25	13 58	5 21	18 06
13	2 00	2 34	0 48	3 15	0 25	13 59	5 20	18 06
15	2 01	2 29	0 48	3 17	0 25	13 59	5 20	18 07
17	2 01	2 24	0 48	3 18	0 25	13 59	5 19	18 07
19	2 01	2 18	0 47	3 20	0 25	14 00	5 19	18 08
21	2 01	2 13	0 47	3 21	0 25	14 00	5 18	18 08
23	2 02	2 08	0 47	3 23	0 25	14 00	5 18	18 08
25	2 02	2 03	0 47	3 24	0 25	14 01	5 17	18 09
27	2 02	1 58	0 47	3 25	0 25	14 01	5 17	18 09
29	2 02	1 53	0 47	3 26	0 25	14 01	5 16	18 10
31	2N03	1N48	0S47	3S28	0S25	14S01	5N16	18S10

Mutual Aspects

1 ☿⚹♂. ☉⋕♄.
2 ☉⚼♆. ☉⋕☿. ♄⋕♅.
4 ☿⚹♂. ☿±♃. ☿☍♅. ☿▽♆. ♀▽♃.
5 ♂△♅. ♂▽♆. ♅⚺♆.
6 ☉⋕♀. ☿⋕♅.
7 ☿∥♄. 8 ☿☌♄.
9 ♀±♃. ♀☍♅.
10 ☉△♃. ☿±♆. ☿□♇. ♀▽♆.
11 ☿⚼♃. ♀⋕♅.
12 ☉Q♇. ♂⚹♄. ♀∥♄.
13 ♀⚹♂. ♀☌♄. ♃Stat.
14 ♀±♆.
15 ☿⚼♆. ♀□♇. ☿⋕♀.
16 ☉▽♅. ♀⚼♃. ☿⋕♄.
17 ☉△♆.
18 ☿Q♂. ♂▽♇. ☿∥♅.
20 ☿△♃.
21 ☿Q♇. ♀⚼♆.
22 ☉⚺♄. ☉±♅. ♀⋕♄.
23 ♃⊥♅.
24 ☉⚹♇. ☿▽♅. ☿△♆. ♀∥♅.
27 ☿±♅. ♄±♆.
28 ☿⚺♄.
29 ☉□♂. ☉⊥♄. ☿⚹♇. ♀Q♂. ♀△♃.
30 ♀Q♇. ☉∥♆.
31 ☉⚼♅.

LAST QUARTER – Oct.11,08h.56m. (18°♋11′)

NEW MOON–Nov.16,19h.14m. (24° m 34′)

D M	D W	Sidereal Time	⊙ Long.	⊙ Dec.	☽ Long.	☽ Lat.	☽ Dec.	Node	24h. ☽ Long.	☽ Dec.
		h m s	° ′ ″	° ′	° ′ ″	° ′	° ′	° ′	° ′ ″	° ′
1	Su	14 43 37	9 m 12 04	14 S 34	22 ♈ 52 03	5 N01	13 N33	24 ♑ 50	29 ♈ 34 56	16 N00
2	M	14 47 34	10 12 05	14 53	6 ♉ 22 29	4 55	18 16	24 47	13 ♉ 14 19	20 20
3	T	14 51 31	11 12 09	15 11	20 09 58	4 31	22 08	24 44	27 08 54	23 37
4	W	14 55 27	12 12 14	15 30	4 ♊ 10 32	3 50	24 45	24 41	11 ♊ 14 17	25 30
5	Th	14 59 24	13 12 21	15 48	18 19 35	2 55	25 50	24 37	25 25 53	25 45
6	F	15 03 20	14 12 31	16 06	2 ♋ 32 41	1 49	25 14	24 34	9 ♋ 39 34	24 18
7	S	15 07 17	15 12 42	16 24	16 46 09	0 N36	22 59	24 31	23 52 10	21 18
8	Su	15 11 13	16 12 55	16 41	0 ♌ 57 22	0 S40	19 18	24 28	8 ♌ 01 36	17 02
9	M	15 15 10	17 13 11	16 58	15 04 44	1 52	14 31	24 25	22 06 40	11 50
10	T	15 19 06	18 13 28	17 15	29 07 19	2 58	9 00	24 21	6 m 06 37	6 04
11	W	15 23 03	19 13 47	17 32	13 m 04 26	3 52	3 N04	24 18	20 00 39	0 N04
12	Th	15 27 00	20 14 09	17 48	26 55 08	4 32	2 S57	24 15	3 ≏ 47 40	5 S54
13	F	15 30 56	21 14 32	18 04	10 ≏ 38 01	4 57	8 45	24 12	17 25 58	11 30
14	S	15 34 53	22 14 57	18 20	24 11 13	5 04	14 05	24 09	0 m 53 30	16 29
15	Su	15 38 49	23 15 24	18 35	7 m 32 32	4 54	18 40	24 06	14 08 05	20 35
16	M	15 42 46	24 15 52	18 50	20 39 55	4 29	22 14	24 02	27 07 53	23 36
17	T	15 46 42	25 16 23	19 05	3 ✗ 31 51	3 51	24 38	23 59	9 ✗ 51 48	25 21
18	W	15 50 39	26 16 55	19 19	16 07 45	3 01	25 43	23 56	22 19 49	25 46
19	Th	15 54 35	27 17 28	19 33	28 28 10	2 04	25 30	23 53	4 ♑ 33 06	24 56
20	F	15 58 32	28 18 02	19 47	10 ♑ 34 56	1 S03	24 03	23 50	16 34 04	22 55
21	S	16 02 29	29 m 18 38	20 00	22 30 58	0 N01	21 32	23 47	28 26 08	19 56
22	Su	16 06 25	0 ✗ 19 16	20 13	4 ≈ 20 10	1 05	18 08	23 43	10 ≈ 13 39	16 09
23	M	16 10 22	1 19 54	20 26	16 07 13	2 05	14 01	23 40	22 01 33	11 45
24	T	16 14 18	2 20 33	20 38	27 57 17	3 00	9 22	23 37	3 ✗ 55 08	6 53
25	W	16 18 15	3 21 14	20 50	9 ✗ 55 44	3 49	4 S19	23 34	15 59 46	1 S41
26	Th	16 22 11	4 21 55	21 01	22 07 51	4 27	0 N58	23 31	28 20 33	3 N40
27	F	16 26 08	5 22 38	21 12	4 ♈ 38 23	4 55	6 21	23 27	11 ♈ 01 47	9 01
28	S	16 30 04	6 23 22	21 22	17 31 07	5 08	11 37	23 24	24 06 35	14 08
29	Su	16 34 01	7 24 07	21 33	0 ♉ 48 18	5 05	16 31	23 21	7 ♉ 36 15	18 44
30	M	16 37 58	8 ✗ 24 53	21 S 42	14 ♉ 30 13	4 N45	20 N44	23 ♑ 18	21 ♉ 29 54	22 N28

D M	Mercury Lat.	Mercury Dec.		Venus Lat.	Venus Dec.		Mars Lat.	Mars Dec.		Jupiter Lat.	Jupiter Dec.
	°	°	°	°	°	°	°	°	°	°	°
1	0 N38	13 S 11	13 S 49	1 N 30	7 S 07	7 S 36	1 N 32	19 N53	19 N 48	1 S 02	16 S 29
3	0 25	14 26	15 03	1 28	8 04	8 32	1 35	19 43	19 38	1 01	16 26
5	0 N11	15 39	16 15	1 27	9 00	9 28	1 38	19 33	19 29	1 01	16 23
7	0 S02	16 49	17 22	1 25	9 55	10 23	1 42	19 24	19 19	1 01	16 20
9	0 16	17 55	18 27	1 23	10 50	11 16	1 45	19 14	19 10	1 01	16 17
11	0 29	18 58	19 28	1 20	11 43	12 09	1 49	19 05	19 01	1 00	16 13
13	0 42	19 57	20 25	1 18	12 35	13 01	1 53	18 56	18 52	1 00	16 09
15	0 54	20 52	21 18	1 15	13 26	13 51	1 57	18 48	18 44	1 00	16 05
17	1 06	21 42	22 06	1 12	14 16	14 40	2 01	18 40	18 36	1 00	16 01
19	1 18	22 29	22 51	1 08	15 04	15 28	2 05	18 32	18 29	1 00	15 57
21	1 29	23 11	23 30	1 05	15 51	16 14	2 09	18 25	18 22	0 59	15 52
23	1 39	23 49	24 05	1 01	16 36	16 58	2 13	18 19	18 15	0 59	15 47
25	1 49	24 21	24 35	0 58	17 19	17 40	2 17	18 13	18 10	0 59	15 42
27	1 57	24 49	25 00	0 54	18 01	18 21	2 21	18 07	18 05	0 59	15 37
29	2 05	25 11	25 20	0 50	18 40	19 S 00	2 26	18 02	18 N 00	0 58	15 31
31	2 S 11	25 S 28		0 N 45	19 S 18		2 N 30	17 N 58		0 S 58	15 S 25

FIRST QUARTER–Nov.24,21h.39m. (2° ✕ 45′)

FULL MOON–Nov. 2,19h.14m. (10° ♉ 30′)

EPHEMERIS]				NOVEMBER 2009													23
D	☿	♀	♂	♃	♄	♅	♆	♇	Lunar Aspects								
M	Long.	Long.	Long.	Long.	Long.	Long.	Long.	Long.	☉	☿	♀	♂	♃	♄	♅	♆	♇
	° ′	° ′	° ′	° ′	° ′	° ′	° ′	° ′									
1	6♏47	21♎51	7♌26	17♒47	0♎18	23♓05	23♒42	1♑19			☍		⚹		⚺	⚹	
2	8 25	23 06	7 51	17 51	0 24	23R 03	23R 42	1 21	☍	☍		□			∠		△
3	10 03	24 21	8 17	17 55	0 31	23 02	23 41	1 22					□	⚼	⚹	□	⚼
4	11 41	25 36	8 42	17 59	0 37	23 01	23 41	1 24			⚼	⚹		△			
5	13 18	26 51	9 07	18 04	0 43	23 00	23D 41	1 25				∠	△		□	△	
6	14 55	28 06	9 31	18 08	0 49	22 58	23 41	1 27	⚼	⚼	△		⚼	□		⚼	☍
7	16 32	29♎21	9 55	18 13	0 55	22 57	23 42	1 28	△	△		⚺			△		
8	18 08	0♏36	10 19	18 18	1 01	22 56	23 42	1 30			□			⚹	⚼		
9	19 44	1 51	10 43	18 23	1 07	22 55	23 42	1 32	□	□		☌	☍	∠			⚼
10	21 19	3 07	11 06	18 29	1 13	22 54	23 42	1 33			⚹			⚺		☍	△
11	22 54	4 22	11 28	18 34	1 19	22 53	23 42	1 35	⚹		∠	⚺					
12	24 29	5 37	11 51	18 40	1 25	22 52	23 42	1 37		⚹		∠	⚼	☌	☍		□
13	26 03	6 52	12 13	18 46	1 30	22 51	23 43	1 39	∠	∠	⚺	⚹				⚼	
14	27 37	8 07	12 34	18 52	1 36	22 50	23 43	1 40	⚺	⚺			△			△	
15	29♏11	9 23	12 55	18 58	1 42	22 49	23 43	1 42			☌	□		⚺	⚼		⚹
16	0♐45	10 38	13 16	19 04	1 47	22 48	23 44	1 44	☌				□	∠	△	□	∠
17	2 18	11 53	13 36	19 11	1 53	22 48	23 44	1 46		☌				⚹			⚺
18	3 51	13 09	13 56	19 18	1 58	22 47	23 45	1 48			⚺	△	⚹				
19	5 24	14 24	14 15	19 25	2 03	22 46	23 45	1 50	⚺		∠	⚼	∠	□	□	⚹	☌
20	6 57	15 39	14 34	19 32	2 09	22 46	23 46	1 51	∠	⚺	⚹					∠	
21	8 29	16 55	14 53	19 39	2 14	22 45	23 46	1 53		∠			⚺		⚹	⚺	
22	10 02	18 10	15 11	19 46	2 19	22 45	23 47	1 55	⚹					△	∠		⚺
23	11 34	19 25	15 28	19 54	2 24	22 44	23 47	1 57		⚹	□	☍	☌	⚼			∠
24	13 06	20 41	15 45	20 01	2 29	22 44	23 48	1 59	□						⚺	☌	⚹
25	14 37	21 56	16 02	20 09	2 34	22 43	23 49	2 01		□							
26	16 09	23 11	16 18	20 17	2 39	22 43	23 49	2 03			△		⚺		☌	⚺	
27	17 40	24 27	16 34	20 25	2 43	22 43	23 50	2 05	△		⚼	⚼	∠	☍		∠	□
28	19 11	25 42	16 49	20 33	2 48	22 43	23 51	2 07	⚼	△		△	⚹		⚺	⚹	
29	20 42	26 58	17 03	20 42	2 52	22 42	23 52	2 09		⚼							△
30	22♐13	28♏13	17♌17	20♒50	2♎57	22♓42	23♒53	2♑11				□	□	⚼	∠		⚼

D	Saturn		Uranus		Neptune		Pluto	
M	Lat.	Dec.	Lat.	Dec.	Lat.	Dec.	Lat.	Dec.
	° ′	° ′	° ′	° ′	° ′	° ′	° ′	° ′
1	2N03	1N46	0S47	3S28	0S25	14S01	5N15	18S10
3	2 03	1 41	0 47	3 29	0 25	14 01	5 15	18 11
5	2 04	1 36	0 47	3 30	0 25	14 01	5 15	18 11
7	2 04	1 32	0 47	3 31	0 25	14 01	5 14	18 12
9	2 04	1 27	0 47	3 32	0 25	14 01	5 14	18 12
11	2 05	1 23	0 47	3 33	0 25	14 01	5 13	18 13
13	2 05	1 19	0 47	3 33	0 25	14 01	5 13	18 13
15	2 06	1 15	0 47	3 34	0 25	14 01	5 12	18 13
17	2 06	1 11	0 47	3 34	0 25	14 00	5 12	18 14
19	2 06	1 07	0 46	3 35	0 25	14 00	5 12	18 14
21	2 07	1 03	0 46	3 35	0 25	14 00	5 11	18 14
23	2 07	1 00	0 46	3 36	0 25	13 59	5 11	18 15
25	2 08	0 56	0 46	3 36	0 25	13 59	5 11	18 15
27	2 08	0 53	0 46	3 36	0 25	13 58	5 10	18 15
29	2 09	0 49	0 46	3 36	0 25	13 58	5 10	18 15
31	2N09	0N46	0S46	3S36	0S25	13S57	5N10	18S16

Mutual Aspects

1 ☿⊥♄. ♂±♇.
2 ☿□♂. ☿⚼♅. ♀∇♅. ♀△♆. ♂⚼♅.
☿∥♆.
4 ♆Stat. 5 ☉☌☿.
6 ☉∥☿. ☿∥♃.
7 ☿∠♄. ☿∠♇. ♀±♅. ☉∥♃.
8 ☉∠♄. ☉∠♇. ☿□♃. ♀⚺♄.
9 ♀⚹♇.
10 ☉□♃. ☿∥♇.
11 ☿△♅. ☿#♂.
12 ☿□♆. 13 ☿⊥♇.
14 ♀⊥♄. ♀⚼♅. ☉∥♇.
15 ☉△♅. ☉□♆. ♄□♇.
16 ☉#♂. ♀∥♆.
17 ☿⚹♄. ☿⚺♇.
18 ☉⊥♇. 19 ♀□♂.
20 ☿Q♃.
21 ♀∠♄. ♀∠♇. ♀∥♃.
23 ☿Q♆. ♀□♃.
24 ☉⚹♄. ☉⚺♇. ♂#♇.
25 ☿Q♄.
26 ☿△♂. ♀△♅.
27 ♀□♆. ♀#♂.
28 ♀⊥♇. ♂±♅. ♀∥♇.
29 ☿⚹♃.
30 ☉Q♃. ☿□♅. ♂⚼♇.

LAST QUARTER–Nov. 9,15h.56m. (17° ♌ 23′)

24					DECEMBER	2009			[RAPHAEL'S

D	D	Sidereal	☉	☉	☽	☽	☽	☽	24h.	
M	W	Time	Long.	Dec.	Long.	Lat.	Dec.	Node	☽ Long.	☽ Dec.
		h m s	° ′ ″	° ′	° ′ ″	° ′	° ′	° ′	° ′	° ′
1	T	16 41 54	9 ✓ 25 40	21 S 52	28 ♌ 34 48	4 N08	23 N52	23 ♑ 15	5 ♊ 44 20	24 N55
2	W	16 45 51	10 26 28	22 01	12 ♊ 57 46	3 14	25 34	23 12	20 14 18	25 46
3	Th	16 49 47	11 27 17	22 09	27 33 04	2 07	25 32	23 08	4 ♋ 53 12	24 50
4	F	16 53 44	12 28 08	22 17	12 ♋ 13 50	0 N51	23 43	23 05	19 34 09	22 12
5	S	16 57 40	13 29 00	22 25	26 53 23	0 S29	20 18	23 02	4 ♌ 10 53	18 06
6	Su	17 01 37	14 29 53	22 32	11 ♌ 26 05	1 46	15 39	22 59	18 38 32	12 59
7	M	17 05 33	15 30 47	22 39	25 47 52	2 56	10 10	22 56	2 ♍ 53 50	7 14
8	T	17 09 30	16 31 43	22 45	9 ♍ 56 15	3 54	4 N14	22 53	16 55 02	1 N13
9	W	17 13 27	17 32 39	22 51	23 50 08	4 37	1 S47	22 49	0 ♎ 41 32	4 S44
10	Th	17 17 23	18 33 37	22 57	7 ♎ 29 17	5 03	7 37	22 46	14 13 27	10 22
11	F	17 21 20	19 34 37	23 02	20 54 03	5 12	12 59	22 43	27 31 12	15 25
12	S	17 25 16	20 35 37	23 06	4 ♏ 04 55	5 05	17 39	22 40	10 ♏ 35 18	19 40
13	Su	17 29 13	21 36 38	23 10	17 02 22	4 42	21 26	22 37	23 26 12	22 55
14	M	17 33 09	22 37 41	23 14	29 48 47	4 05	24 06	22 33	6 ✓ 04 20	24 58
15	T	17 37 06	23 38 44	23 17	12 ✓ 18 47	3 17	25 32	22 30	18 30 14	25 46
16	W	17 41 02	24 39 48	23 20	24 38 50	2 21	25 40	22 27	0 ♑ 44 42	25 16
17	Th	17 44 59	25 40 53	23 22	6 ♑ 47 59	1 18	24 34	22 24	12 48 55	23 35
18	F	17 48 56	26 41 58	23 24	18 47 43	0 S13	22 20	22 21	24 44 41	20 51
19	S	17 52 52	27 43 04	23 25	0 ♒ 40 07	0 N52	19 02	22 18	6 ♒ 34 25	17 16
20	Su	17 56 49	28 44 10	23 26	12 27 58	1 55	15 13	22 14	18 21 13	13 02
21	M	18 00 45	29 ✓ 45 17	23 26	24 14 40	2 53	10 43	22 11	0 ♓ 08 50	8 19
22	T	18 04 42	0 ♑ 46 24	23 26	6 ♓ 04 17	3 44	5 49	22 08	12 01 33	3 S16
23	W	18 08 38	1 47 31	23 26	18 01 17	4 25	0 S40	22 05	24 04 04	1 N57
24	Th	18 12 35	2 48 38	23 25	0 ♈ 10 30	4 56	4 N35	22 02	6 ♈ 21 11	7 12
25	F	18 16 31	3 49 45	23 23	12 36 43	5 13	9 47	21 59	18 57 38	12 18
26	S	18 20 28	4 50 52	23 21	25 24 44	5 16	14 43	21 55	1 ♉ 57 27	17 01
27	Su	18 24 25	5 52 00	23 19	8 ♉ 37 05	5 02	19 08	21 52	15 23 30	21 03
28	M	18 28 21	6 53 07	23 16	22 16 48	4 31	22 42	21 49	29 16 53	24 03
29	T	18 32 18	7 54 15	23 12	6 ♊ 23 31	3 43	25 02	21 46	13 ♊ 36 17	25 38
30	W	18 36 14	8 55 23	23 08	20 54 35	2 40	25 47	21 43	28 17 42	25 29
31	Th	18 40 11	9 ♑ 56 30	23 S 04	5 ♋ 44 44	1 N24	24 N43	21 ♑ 39	13 ♋ 14 40	23 N30

D	Mercury		Venus		Mars		Jupiter	
M	Lat.	Dec.	Lat.	Dec.	Lat.	Dec.	Lat.	Dec.
	° ′	° ′	° ′	° ′	° ′	° ′	° ′	° ′
1	2 S11	25 S 28	0 N 45	19 S 18	2 N 30	17 N58	0 S 58	15 S 25
3	2 16	25 39 / 25 S 34	0 41	19 53 / 19 S 36	2 35	17 55 / 17 N 56	0 58	15 20
5	2 19	25 45 / 25 43	0 36	20 27 / 20 10	2 39	17 52 / 17 53	0 58	15 13
7	2 21	25 45 / 25 46	0 32	20 57 / 20 42	2 44	17 50 / 17 51	0 58	15 07
9	2 20	25 40 / 25 43	0 27	21 26 / 21 12	2 49	17 49 / 17 50	0 58	15 01
		25 35		21 39		17 49		
11	2 17	25 28 / 25 20	0 23	21 52 / 22 04	2 54	17 49 / 17 50	0 57	14 54
13	2 12	25 11 / 25 00	0 18	22 15 / 22 26	2 59	17 50 / 17 51	0 57	14 47
15	2 04	24 49 / 24 35	0 13	22 36 / 22 45	3 04	17 52 / 17 53	0 57	14 40
17	1 52	24 21 / 24 06	0 08	22 54 / 23 02	3 09	17 55 / 17 57	0 57	14 33
19	1 37	23 50 / 23 33	0 N 03	23 09 / 23 15	3 14	17 59 / 18 01	0 57	14 26
21	1 17	23 16 / 22 58	0 S 01	23 21 / 23 26	3 19	18 03 / 18 06	0 57	14 18
23	0 52	22 40 / 22 22	0 06	23 31 / 23 34	3 24	18 09 / 18 13	0 57	14 11
25	0 S22	22 04 / 21 46	0 11	23 37 / 23 40	3 29	18 16 / 18 20	0 56	14 03
27	0 N12	21 30 / 21 14	0 16	23 41 / 23 42	3 34	18 24 / 18 28	0 56	13 55
29	0 49	20 59 / 20 S 46	0 20	23 42 / 23 S 41	3 39	18 33 / 18 N 38	0 56	13 47
31	1 N28	20 S 34	0 S 25	23 S 40	3 N 44	18 N43	0 S 56	13 S 39

FULL MOON–Dec. 2,07h.30m. (10°♊15′) & Dec.31,19h.13m. (10°♋15′)

D M	☿ Long.	♀ Long.	♂ Long.	♃ Long.	♄ Long.	♅ Long.	♆ Long.	♇ Long.	☉	☿	♀	♂	♃	♄	♅	♆	♇
	° ′	° ′	° ′	° ′	° ′	° ′	° ′	° ′									
1	23♐43	29♏28	17♌30	20♒59	3♎01	22♓42	23♒54	2♑13			☍			△	⚹	□	
2	25 13	0♐44	17 43	21 08	3 06	22D 42	23 55	2 15	☍			⚹					
3	26 42	1 59	17 55	21 17	3 10	22 42	23 55	2 17		☍		∠	△	□	□	△	☍
4	28 12	3 15	18 07	21 26	3 14	22 42	23 56	2 19			⚼	⊻	⚼			⚼	
5	29♐40	4 30	18 18	21 35	3 18	22 43	23 57	2 21	⚼					⚹	△		
6	1♑08	5 46	18 28	21 44	3 22	22 43	23 59	2 23	△	⚼	△	☌		∠	⚼		⚼
7	2 35	7 01	18 38	21 54	3 26	22 43	24 00	2 26					☍			☍	△
8	4 02	8 17	18 47	22 03	3 30	22 43	24 01	2 28		△	□			⊻			
9	5 28	9 32	18 56	22 13	3 33	22 44	24 02	2 30	□			⊻			☍		
10	6 52	10 48	19 03	22 23	3 37	22 44	24 03	2 32		□	⚹	∠	⚼	☌		⚼	□
11	8 15	12 03	19 10	22 33	3 40	22 45	24 04	2 34	⚹			⚹	△			△	
12	9 37	13 19	19 17	22 43	3 44	22 45	24 05	2 36	∠	⚹	∠			⊻	⚼		⚹
13	10 56	14 34	19 23	22 53	3 47	22 46	24 07	2 38	⊻		⊻	□	□	∠	△		∠
14	12 14	15 50	19 28	23 04	3 50	22 46	24 08	2 40		∠				⚹		□	⊻
15	13 29	17 05	19 32	23 14	3 53	22 47	24 09	2 43		⊻	☌						
16	14 41	18 21	19 35	23 25	3 56	22 48	24 11	2 45	☌			△	⚹		□	⚹	
17	15 50	19 36	19 38	23 35	3 59	22 49	24 12	2 47				⚼	∠	□		∠	☌
18	16 55	20 52	19 40	23 46	4 02	22 49	24 13	2 49		☌	⊻		⊻		⚹	⊻	
19	17 56	22 07	19 41	23 57	4 05	22 50	24 15	2 51	⊻					△			⊻
20	18 51	23 23	19 42	24 08	4 08	22 51	24 16	2 53	∠		∠				∠		∠
21	19 40	24 38	19R 41	24 19	4 10	22 52	24 18	2 56		⊻	⚹	☍	☌	⚼	⊻	☌	
22	20 23	25 54	19 40	24 30	4 13	22 53	24 19	2 58	⚹	∠							⚹
23	20 58	27 09	19 38	24 42	4 15	22 54	24 21	3 00		⚹					☌		
24	21 24	28 25	19 36	24 53	4 17	22 55	24 22	3 02	□		□	⚼	⊻	☍		⊻	□
25	21 41	29♐40	19 32	25 04	4 19	22 57	24 24	3 04					∠			∠	
26	21 48	0♑56	19 28	25 16	4 21	22 58	24 26	3 07		□	△	△	⚹		⊻	⚹	
27	21R 43	2 11	19 22	25 28	4 23	22 59	24 27	3 09	△						∠		△
28	21 27	3 27	19 16	25 40	4 25	23 00	24 29	3 11	⚼	△	⚼	□	□	⚼	⚹	□	⚼
29	20 59	4 42	19 10	25 51	4 27	23 02	24 31	3 13		⚼				△			
30	20 20	5 58	19 02	26 03	4 28	23 03	24 32	3 15				⚹	△		□	△	
31	19♑29	7♑13	18♌54	26♒15	4♎30	23♓05	24♒34	3♑17	☍		☍	∠	⚼	□		⚼	☍

D M	Saturn Lat.	Saturn Dec.	Uranus Lat.	Uranus Dec.	Neptune Lat.	Neptune Dec.	Pluto Lat.	Pluto Dec.
	° ′	° ′	° ′	° ′	° ′	° ′	° ′	° ′
1	2N09	0N46	0S46	3S36	0S25	13S57	5N10	18S16
3	2 10	0 43	0 46	3 36	0 25	13 56	5 09	18 16
5	2 10	0 41	0 46	3 36	0 25	13 56	5 09	18 16
7	2 11	0 38	0 46	3 35	0 25	13 55	5 09	18 16
9	2 11	0 36	0 46	3 35	0 25	13 54	5 08	18 17
11	2 12	0 33	0 46	3 35	0 25	13 54	5 08	18 17
13	2 12	0 31	0 46	3 34	0 25	13 53	5 08	18 17
15	2 13	0 29	0 45	3 34	0 25	13 52	5 08	18 17
17	2 13	0 27	0 45	3 33	0 25	13 51	5 07	18 17
19	2 14	0 25	0 45	3 32	0 25	13 50	5 07	18 17
21	2 14	0 24	0 45	3 31	0 25	13 49	5 07	18 18
23	2 15	0 23	0 45	3 30	0 25	13 48	5 07	18 18
25	2 15	0 21	0 45	3 29	0 25	13 47	5 07	18 18
27	2 16	0 20	0 45	3 28	0 25	13 46	5 06	18 18
29	2 17	0 19	0 45	3 27	0 25	13 45	5 06	18 18
31	2N17	0N19	0S45	3S26	0S25	13S44	5N06	18S18

Mutual Aspects

1 ☿⚹♆. ♅Stat.
3 ☉Q♆. ♀⊻♇.
4 ♀⚹♄. 5 ♂∠♄.
7 ☉Q♄. ☿☌♇.
8 ☿⚼♂. ☿□♄.
10 ☿∠♃. ♀Q♃.
11 ☉△♂. ♀Q♆.
12 ☿∠♆. ♃⊻♅.
13 ☿Q♅.
14 ☉□♅. ♀Q♄.
15 ☉⚹♃. ☿±♂.
16 ☉⚹♆. 17 ♀△♂.
19 ☿⊥♃. ☿⊥♆.
20 ♀□♅. ☉∥☿. ♂Stat.
21 ☿∇♂. ♀⚹♃. ♀⚹♆. ♃☌♆. ☿∥♀.
22 ☉∥♀. 24 ☉☌♇.
25 ☉□♄. ♂#♇.
26 ☉⚼♂. ☿Stat.
27 ♂∠♄. 28 ♀☌♇.
29 ♀⚼♂. ♀□♄.
30 ☿⊥♃. ♃∥♆.
31 ☉∠♆.

LAST QUARTER–Dec. 9,00h.13m. (17°♍03′)

JANUARY / FEBRUARY

D	☉	☽	☽Dec.	☿	♀	♂	D	☉	☽	☽Dec.	☿	♀	♂
1	1 01 10	12 28 41	5 37	1 16	1 06	45	1	1 00 54	13 30 24	4 56	0 02	0 51	46
2	1 01 10	12 46 25	5 48	1 12	1 05	45	2	1 00 53	13 49 02	4 03	0 09	0 50	46
3	1 01 10	13 07 50	5 46	1 07	1 05	45	3	1 00 51	14 07 41	2 46	0 16	0 50	46
4	1 01 09	13 32 18	5 29	1 02	1 05	45	4	1 00 50	14 24 57	1 08	0 22	0 49	46
5	1 01 09	13 58 28	4 52	0 56	1 04	45	5	1 00 49	14 39 05	0 43	0 28	0 48	46
6	1 01 09	14 24 17	3 50	0 49	1 04	45	6	1 00 47	14 48 15	2 35	0 33	0 47	46
7	1 01 08	14 47 00	2 20	0 42	1 04	45	7	1 00 46	14 50 54	4 12	0 38	0 46	46
8	1 01 08	15 03 42	0 28	0 33	1 04	45	8	1 00 44	14 46 06	5 24	0 42	0 45	47
9	1 01 08	15 11 53	1 33	0 24	1 03	46	9	1 00 43	14 33 58	6 07	0 46	0 44	47
10	1 01 07	15 10 13	3 25	0 13	1 03	46	10	1 00 41	14 15 32	6 24	0 50	0 43	47
11	1 01 07	14 58 52	4 51	0 02	1 02	46	11	1 00 40	13 52 42	6 18	0 53	0 42	47
12	1 01 07	14 39 32	5 47	0 09	1 02	46	12	1 00 39	13 27 43	5 53	0 57	0 40	47
13	1 01 06	14 14 47	6 13	0 21	1 02	46	13	1 00 38	13 02 47	5 14	0 59	0 39	47
14	1 01 06	13 47 32	6 15	0 33	1 01	46	14	1 00 37	12 39 51	4 24	1 02	0 38	47
15	1 01 06	13 20 23	6 00	0 44	1 01	46	15	1 00 36	12 20 19	3 25	1 05	0 37	47
16	1 01 06	12 55 21	5 30	0 54	1 00	46	16	1 00 34	12 05 07	2 18	1 07	0 35	47
17	1 01 06	12 33 45	4 50	1 03	1 00	46	17	1 00 33	11 54 43	1 05	1 09	0 34	47
18	1 01 05	12 16 19	4 00	1 10	1 00	46	18	1 00 32	11 49 12	0 09	1 11	0 32	47
19	1 01 05	12 03 16	3 01	1 15	0 59	46	19	1 00 31	11 48 26	1 22	1 13	0 31	47
20	1 01 05	11 54 30	1 55	1 17	0 59	46	20	1 00 29	11 51 57	2 31	1 15	0 29	47
21	1 01 04	11 49 42	0 43	1 17	0 58	46	21	1 00 28	11 59 12	3 32	1 16	0 28	47
22	1 01 04	11 48 22	0 31	1 15	0 58	46	22	1 00 26	12 09 28	4 23	1 18	0 26	47
23	1 01 03	11 50 01	1 44	1 11	0 57	46	23	1 00 25	12 21 54	5 04	1 19	0 24	47
24	1 01 03	11 54 10	2 50	1 05	0 56	46	24	1 00 23	12 35 41	5 33	1 21	0 22	47
25	1 01 02	12 00 24	3 48	0 58	0 56	46	25	1 00 21	12 49 59	5 49	1 22	0 20	47
26	1 01 01	12 08 25	4 35	0 50	0 55	46	26	1 00 20	13 04 07	5 51	1 23	0 18	47
27	1 01 00	12 18 02	5 11	0 41	0 55	46	27	1 00 18	13 17 34	5 37	1 25	0 16	47
28	1 00 59	12 29 13	5 35	0 32	0 54	46	28	1 00 16	13 30 04	5 06	1 26	0 14	47
29	1 00 58	12 42 02	5 47	0 23	0 53	46							
30	1 00 57	12 56 32	5 45	0 15	0 53	46							
31	1 00 55	13 12 44	5 29	0 06	0 52	46							

MARCH / APRIL

D	☉	☽	☽Dec.	☿	♀	♂	D	☉	☽	☽Dec.	☿	♀	♂
1	1 00 14	13 41 34	4 15	1 27	0 12	47	1	0 59 13	14 08 09	1 32	2 03	0 35	47
2	1 00 12	13 52 01	3 03	1 28	0 10	47	2	0 59 10	14 05 56	3 07	2 04	0 34	47
3	1 00 10	14 01 30	1 33	1 29	0 08	47	3	0 59 08	14 02 50	4 24	2 04	0 32	47
4	1 00 08	14 09 53	0 11	1 31	0 05	47	4	0 59 06	13 58 49	5 20	2 04	0 31	47
5	1 00 06	14 16 45	1 56	1 32	0 03	47	5	0 59 03	13 53 27	5 55	2 04	0 29	47
6	1 00 03	14 21 24	3 33	1 33	0 01	47	6	0 59 01	13 46 08	6 09	2 04	0 27	47
7	1 00 01	14 22 52	4 50	1 34	0 02	47	7	0 58 59	13 36 21	6 04	2 03	0 25	47
8	0 59 59	14 20 14	5 44	1 35	0 04	47	8	0 58 57	13 23 52	5 43	2 03	0 23	47
9	0 59 57	14 12 50	6 13	1 36	0 07	47	9	0 58 54	13 09 00	5 05	2 01	0 20	47
10	0 59 55	14 00 30	6 20	1 37	0 09	47	10	0 58 53	12 52 31	4 13	2 00	0 18	47
11	0 59 53	13 43 49	6 06	1 39	0 12	47	11	0 58 51	12 35 36	3 09	1 58	0 15	47
12	0 59 51	13 24 00	5 35	1 40	0 14	47	12	0 58 49	12 19 35	1 57	1 56	0 13	47
13	0 59 49	13 02 42	4 49	1 41	0 17	47	13	0 58 47	12 05 50	0 41	1 53	0 11	47
14	0 59 48	12 41 43	3 52	1 42	0 19	47	14	0 58 45	11 55 33	0 34	1 50	0 08	47
15	0 59 46	12 22 46	2 45	1 43	0 22	47	15	0 58 44	11 49 40	1 45	1 47	0 06	47
16	0 59 44	12 07 12	1 31	1 45	0 24	47	16	0 58 42	11 48 52	2 49	1 43	0 03	47
17	0 59 42	11 56 02	0 16	1 46	0 26	47	17	0 58 40	11 53 31	3 44	1 39	0 01	47
18	0 59 41	11 49 53	0 58	1 47	0 28	47	18	0 58 38	12 03 39	4 30	1 35	0 02	47
19	0 59 39	11 49 02	2 08	1 48	0 30	47	19	0 58 37	12 18 57	5 07	1 31	0 04	47
20	0 59 37	11 53 26	3 11	1 49	0 32	47	20	0 58 35	12 38 37	5 34	1 27	0 06	47
21	0 59 35	12 02 44	4 05	1 51	0 33	47	21	0 58 33	13 01 21	5 50	1 22	0 08	47
22	0 59 33	12 16 15	4 49	1 52	0 34	47	22	0 58 32	13 25 20	5 51	1 17	0 11	47
23	0 59 32	12 33 01	5 23	1 53	0 36	47	23	0 58 30	13 48 19	5 34	1 12	0 13	46
24	0 59 30	12 51 43	5 46	1 54	0 37	47	24	0 58 28	14 08 00	4 56	1 07	0 15	46
25	0 59 28	13 10 50	5 55	1 56	0 37	47	25	0 58 26	14 22 22	3 52	1 02	0 17	46
26	0 59 26	13 28 47	5 48	1 57	0 38	47	26	0 58 24	14 30 17	2 25	0 57	0 19	46
27	0 59 24	13 44 09	5 22	1 58	0 38	47	27	0 58 22	14 31 38	0 40	0 52	0 21	46
28	0 59 22	13 55 57	4 34	1 59	0 38	47	28	0 58 21	14 27 24	1 09	0 47	0 22	46
29	0 59 19	14 03 47	3 24	2 00	0 37	47	29	0 58 18	14 19 09	2 49	0 41	0 24	46
30	0 59 17	14 07 55	1 55	2 01	0 37	47	30	0 58 16	14 08 36	4 09	0 36	0 26	46
31	0 59 15	14 09 04	0 12	2 02	0 36	47							

MAY

D	☉ (° ′ ″)	☽ (° ′ ″)	☽Dec. (° ′)	☿ (° ′)	♀ (° ′)	♂ (′)
1	0 58 14	13 57 11	5 07	0 31	0 27	46
2	0 58 12	13 45 45	5 43	0 25	0 29	46
3	0 58 10	13 34 40	5 59	0 20	0 30	46
4	0 58 08	13 23 46	5 58	0 14	0 32	46
5	0 58 06	13 12 43	5 41	0 09	0 33	46
6	0 58 04	13 01 10	5 10	0 04	0 34	46
7	0 58 02	12 48 56	4 24	0 01	0 36	46
8	0 58 01	12 36 11	3 26	0 06	0 37	46
9	0 57 59	12 23 21	2 18	0 11	0 38	46
10	0 57 58	12 11 13	1 04	0 16	0 39	46
11	0 57 56	12 00 40	0 12	0 20	0 40	46
12	0 57 55	11 52 42	1 25	0 23	0 41	46
13	0 57 54	11 48 14	2 31	0 27	0 42	46
14	0 57 52	11 48 05	3 27	0 30	0 43	46
15	0 57 51	11 52 52	4 14	0 32	0 44	46
16	0 57 50	12 02 58	4 51	0 33	0 45	46
17	0 57 48	12 18 25	5 19	0 35	0 46	46
18	0 57 47	12 38 51	5 38	0 35	0 47	46
19	0 57 46	13 03 20	5 45	0 35	0 48	46
20	0 57 45	13 30 13	5 37	0 34	0 48	45
21	0 57 44	13 57 14	5 10	0 33	0 49	45
22	0 57 43	14 21 38	4 20	0 31	0 50	45
23	0 57 42	14 40 36	3 02	0 29	0 51	45
24	0 57 41	14 51 59	1 20	0 26	0 51	45
25	0 57 39	14 54 48	0 34	0 22	0 52	45
26	0 57 38	14 49 29	2 25	0 19	0 52	45
27	0 57 37	14 37 38	3 56	0 15	0 53	45
28	0 57 35	14 21 29	5 02	0 11	0 54	45
29	0 57 34	14 03 14	5 42	0 07	0 54	45
30	0 57 32	13 44 40	6 00	0 02	0 55	45
31	0 57 31	13 26 57	5 59	0 02	0 55	45

JUNE

D	☉ (° ′ ″)	☽ (° ′ ″)	☽Dec. (° ′)	☿ (° ′)	♀ (° ′)	♂ (′)
1	0 57 29	13 10 39	5 43	0 06	0 56	45
2	0 57 28	12 55 55	5 13	0 11	0 56	45
3	0 57 27	12 42 39	4 31	0 15	0 57	45
4	0 57 26	12 30 37	3 38	0 20	0 57	45
5	0 57 25	12 19 40	2 34	0 24	0 57	45
6	0 57 24	12 09 47	1 22	0 29	0 58	45
7	0 57 23	12 01 10	0 07	0 33	0 58	45
8	0 57 22	11 54 10	1 07	0 37	0 59	44
9	0 57 21	11 49 17	2 15	0 41	0 59	44
10	0 57 21	11 47 09	3 13	0 45	0 59	44
11	0 57 20	11 48 23	4 01	0 49	1 00	44
12	0 57 20	11 53 36	4 39	0 53	1 00	44
13	0 57 19	12 03 18	5 07	0 56	1 00	44
14	0 57 19	12 17 46	5 26	1 00	1 01	44
15	0 57 18	12 37 00	5 35	1 04	1 01	44
16	0 57 18	13 00 30	5 32	1 07	1 01	44
17	0 57 18	13 27 11	5 19	1 11	1 02	44
18	0 57 17	13 55 14	4 36	1 14	1 02	44
19	0 57 17	14 22 11	3 33	1 18	1 02	44
20	0 57 17	14 45 06	2 04	1 21	1 02	44
21	0 57 17	15 01 14	0 13	1 24	1 03	44
22	0 57 16	15 08 33	1 44	1 27	1 03	44
23	0 57 16	15 06 23	3 30	1 31	1 03	44
24	0 57 16	14 55 31	4 51	1 34	1 03	44
25	0 57 15	14 37 53	5 43	1 37	1 04	43
26	0 57 14	14 16 00	6 08	1 40	1 04	43
27	0 57 14	13 52 20	6 10	1 43	1 04	43
28	0 57 13	13 28 54	5 54	1 46	1 04	43
29	0 57 13	13 07 08	5 24	1 49	1 04	43
30	0 57 12	12 47 53	4 42	1 52	1 05	43

JULY

D	☉ (° ′ ″)	☽ (° ′ ″)	☽Dec. (° ′)	☿ (° ′)	♀ (° ′)	♂ (′)
1	0 57 12	12 31 29	3 49	1 55	1 05	43
2	0 57 12	12 17 59	2 47	1 57	1 05	43
3	0 57 12	12 07 13	1 38	2 00	1 05	43
4	0 57 11	11 58 58	0 24	2 02	1 05	43
5	0 57 11	11 53 02	0 50	2 04	1 05	43
6	0 57 11	11 49 17	1 59	2 05	1 06	43
7	0 57 11	11 47 44	3 00	2 07	1 06	43
8	0 57 11	11 48 31	3 51	2 08	1 06	43
9	0 57 12	11 51 53	4 31	2 09	1 06	42
10	0 57 12	11 58 09	5 01	2 09	1 06	42
11	0 57 12	12 07 40	5 20	2 10	1 06	42
12	0 57 13	12 20 46	5 29	2 09	1 07	42
13	0 57 13	12 37 36	5 28	2 09	1 07	42
14	0 57 14	12 58 02	5 14	2 09	1 07	39
15	0 57 14	13 21 32	4 43	2 08	1 07	39
16	0 57 15	13 47 01	3 52	2 07	1 07	42
17	0 57 16	14 12 46	2 37	2 06	1 07	42
18	0 57 16	14 36 29	1 00	2 04	1 07	42
19	0 57 17	14 55 32	0 53	2 03	1 08	42
20	0 57 18	15 07 27	2 46	2 02	1 08	42
21	0 57 18	15 10 32	4 22	2 00	1 08	42
22	0 57 19	15 04 14	5 32	1 58	1 08	41
23	0 57 19	14 49 25	6 11	1 57	1 08	41
24	0 57 20	14 28 04	6 23	1 55	1 08	41
25	0 57 20	14 02 45	6 13	1 53	1 08	41
26	0 57 20	13 36 07	5 44	1 52	1 08	41
27	0 57 21	13 10 23	5 02	1 50	1 09	41
28	0 57 21	12 47 11	4 08	1 48	1 09	41
29	0 57 22	12 27 31	3 05	1 47	1 09	41
30	0 57 22	12 11 52	1 56	1 45	1 09	41
31	0 57 23	12 00 19	0 42	1 43	1 09	41

AUGUST

D	☉ (° ′ ″)	☽ (° ′ ″)	☽Dec. (° ′)	☿ (° ′)	♀ (° ′)	♂ (′)
1	0 57 24	11 52 40	0 32	1 42	1 09	41
2	0 57 24	11 48 34	1 42	1 40	1 09	40
3	0 57 25	11 47 36	2 46	1 38	1 09	40
4	0 57 26	11 49 23	3 40	1 37	1 09	40
5	0 57 27	11 53 31	4 23	1 35	1 09	40
6	0 57 28	11 59 47	4 56	1 33	1 10	40
7	0 57 29	12 08 00	5 17	1 32	1 10	40
8	0 57 30	12 18 10	5 28	1 30	1 10	40
9	0 57 31	12 30 20	5 28	1 28	1 10	40
10	0 57 32	12 44 37	5 15	1 27	1 10	40
11	0 57 34	13 01 03	4 47	1 25	1 10	40
12	0 57 35	13 19 31	4 02	1 23	1 10	40
13	0 57 37	13 39 37	2 58	1 21	1 10	39
14	0 57 38	14 00 32	1 32	1 20	1 10	39
15	0 57 40	14 20 55	0 10	1 18	1 10	39
16	0 57 42	14 38 57	1 58	1 16	1 11	39
17	0 57 43	14 52 29	3 39	1 14	1 11	39
18	0 57 45	14 59 28	5 01	1 12	1 11	39
19	0 57 46	14 58 23	5 57	1 10	1 11	39
20	0 57 47	14 48 49	6 25	1 07	1 11	39
21	0 57 49	14 31 32	6 27	1 05	1 11	39
22	0 57 50	14 08 29	6 06	1 03	1 11	39
23	0 57 51	13 42 12	5 27	1 00	1 11	38
24	0 57 52	13 15 19	4 34	0 58	1 11	38
25	0 57 54	12 50 06	3 30	0 55	1 11	38
26	0 57 55	12 28 12	2 19	0 52	1 11	38
27	0 57 56	12 10 40	1 04	0 49	1 11	38
28	0 57 58	11 58 04	0 11	0 45	1 12	38
29	0 57 59	11 50 23	1 23	0 42	1 12	38
30	0 58 00	11 47 24	2 28	0 38	1 12	38
31	0 58 02	11 48 39	3 25	0 34	1 12	38

SEPTEMBER

D	☉	☽	☽Dec.	☿	♀	♂
1	0 58 03	11 53 31	4 12	0 30	1 12	37
2	0 58 04	12 01 17	4 48	0 25	1 12	37
3	0 58 06	12 11 13	5 14	0 20	1 12	37
4	0 58 08	12 22 35	5 28	0 15	1 12	37
5	0 58 09	12 34 47	5 31	0 10	1 12	37
6	0 58 11	12 47 21	5 20	0 04	1 12	37
7	0 58 13	13 00 06	4 55	0 02	1 12	37
8	0 58 15	13 12 57	4 13	0 08	1 12	37
9	0 58 17	13 26 03	3 12	0 15	1 13	36
10	0 58 19	13 39 30	1 53	0 21	1 13	36
11	0 58 21	13 53 17	0 19	0 28	1 13	36
12	0 58 23	14 07 01	1 22	0 34	1 13	36
13	0 58 26	14 19 54	2 59	0 41	1 13	36
14	0 58 28	14 30 38	4 24	0 47	1 13	36
15	0 58 30	14 37 33	5 28	0 52	1 13	36
16	0 58 32	14 39 00	6 08	0 57	1 13	36
17	0 58 34	14 33 48	6 24	1 00	1 13	35
18	0 58 36	14 21 40	6 16	1 03	1 13	35
19	0 58 38	14 03 23	5 47	1 04	1 13	35
20	0 58 40	13 40 45	5 00	1 04	1 13	35
21	0 58 41	13 16 02	3 59	1 02	1 13	35
22	0 58 43	12 51 38	2 48	0 58	1 13	35
23	0 58 45	12 29 36	1 31	0 53	1 13	34
24	0 58 47	12 11 27	0 13	0 47	1 13	34
25	0 58 48	11 58 10	1 01	0 39	1 13	34
26	0 58 50	11 50 14	2 09	0 30	1 14	34
27	0 58 52	11 47 45	3 07	0 21	1 14	34
28	0 58 54	11 50 27	3 56	0 11	1 14	34
29	0 58 55	11 57 47	4 35	0 01	1 14	33
30	0 58 57	12 08 56	5 05	0 10	1 14	33

OCTOBER

D	☉	☽	☽Dec.	☿	♀	♂
1	0 58 59	12 22 54	5 24	0 20	1 14	33
2	0 59 01	12 38 28	5 32	0 30	1 14	33
3	0 59 03	12 54 22	5 27	0 39	1 14	33
4	0 59 05	13 09 29	5 06	0 48	1 14	33
5	0 59 07	13 22 54	4 27	0 56	1 14	32
6	0 59 09	13 34 10	3 29	1 03	1 14	32
7	0 59 11	13 43 18	2 12	1 09	1 14	32
8	0 59 14	13 50 40	0 40	1 15	1 14	32
9	0 59 16	13 56 51	0 59	1 20	1 14	32
10	0 59 18	14 02 20	2 34	1 25	1 14	31
11	0 59 21	14 07 16	3 56	1 28	1 14	31
12	0 59 23	14 11 19	5 01	1 32	1 14	31
13	0 59 25	14 13 40	5 45	1 34	1 14	31
14	0 59 27	14 13 14	6 08	1 36	1 14	31
15	0 59 30	14 08 52	6 11	1 38	1 14	30
16	0 59 32	13 59 49	5 53	1 39	1 14	30
17	0 59 34	13 46 05	5 16	1 40	1 15	30
18	0 59 36	13 28 24	4 23	1 41	1 15	30
19	0 59 38	13 08 13	3 16	1 42	1 15	29
20	0 59 40	12 47 22	1 59	1 42	1 15	29
21	0 59 42	12 27 41	0 40	1 42	1 15	29
22	0 59 44	12 10 49	0 37	1 42	1 15	29
23	0 59 45	11 58 01	1 48	1 42	1 15	28
24	0 59 47	11 50 11	2 49	1 42	1 15	28
25	0 59 49	11 47 48	3 20	1 42	1 15	28
26	0 59 50	11 51 00	4 20	1 41	1 15	28
27	0 59 52	11 59 34	4 52	1 41	1 15	27
28	0 59 54	12 12 58	5 14	1 41	1 15	27
29	0 59 55	12 30 13	5 27	1 40	1 15	27
30	0 59 57	12 50 01	5 28	1 40	1 15	27
31	0 59 59	13 10 42	5 15	1 39	1 15	26

NOVEMBER

D	☉	☽	☽Dec.	☿	♀	♂
1	1 00 01	13 30 26	4 43	1 39	1 15	26
2	1 00 02	13 47 29	3 51	1 38	1 15	26
3	1 00 04	14 00 34	2 37	1 38	1 15	25
4	1 00 06	14 09 03	1 08	1 38	1 15	25
5	1 00 08	14 13 06	0 36	1 37	1 15	25
6	1 00 10	14 13 28	2 15	1 37	1 15	24
7	1 00 12	14 11 33	3 41	1 36	1 15	24
8	1 00 14	14 07 22	4 47	1 36	1 15	24
9	1 00 16	14 02 35	5 31	1 36	1 15	23
10	1 00 18	13 57 06	5 56	1 35	1 15	23
11	1 00 20	13 50 42	6 01	1 35	1 15	23
12	1 00 22	13 42 54	5 49	1 35	1 15	22
13	1 00 24	13 33 12	5 20	1 34	1 15	22
14	1 00 26	13 21 19	4 35	1 34	1 15	21
15	1 00 28	13 07 30	3 35	1 34	1 15	21
16	1 00 29	12 51 56	2 24	1 33	1 15	20
17	1 00 31	12 35 54	1 06	1 33	1 15	20
18	1 00 33	12 20 26	0 13	1 33	1 15	20
19	1 00 34	12 06 46	1 27	1 33	1 15	19
20	1 00 35	11 56 02	2 31	1 33	1 15	19
21	1 00 37	11 49 13	3 25	1 32	1 15	18
22	1 00 38	11 47 03	4 07	1 32	1 15	18
23	1 00 39	11 50 04	4 39	1 32	1 15	17
24	1 00 40	11 58 27	5 03	1 32	1 15	17
25	1 00 41	12 12 07	5 17	1 32	1 15	17
26	1 00 42	12 30 32	5 22	1 31	1 15	16
27	1 00 43	12 52 44	5 16	1 31	1 15	15
28	1 00 44	13 17 12	4 54	1 31	1 15	15
29	1 00 45	13 41 55	4 13	1 31	1 15	14
30	1 00 46	14 04 35	3 09	1 30	1 15	14

DECEMBER

D	☉	☽	☽Dec.	☿	♀	♂
1	1 00 48	14 22 58	1 41	1 30	1 15	13
2	1 00 49	14 35 18	0 02	1 30	1 15	13
3	1 00 50	14 40 46	1 49	1 29	1 15	12
4	1 00 51	14 39 33	3 25	1 29	1 15	11
5	1 00 52	14 32 42	4 39	1 28	1 15	11
6	1 00 54	14 21 47	5 29	1 28	1 15	10
7	1 00 55	14 08 23	5 56	1 27	1 15	9
8	1 00 56	13 53 52	6 01	1 26	1 15	9
9	1 00 57	13 39 10	5 49	1 25	1 15	8
10	1 00 59	13 24 46	5 22	1 24	1 15	7
11	1 01 00	13 10 52	4 41	1 22	1 15	7
12	1 01 01	12 57 27	3 46	1 21	1 16	6
13	1 01 02	12 44 28	2 40	1 19	1 16	5
14	1 01 03	12 31 57	1 26	1 16	1 16	5
15	1 01 04	12 20 03	0 09	1 14	1 16	4
16	1 01 04	12 09 09	1 06	1 11	1 16	3
17	1 01 05	11 59 44	2 14	1 07	1 16	2
18	1 01 06	11 52 24	3 11	1 03	1 16	2
19	1 01 06	11 47 51	3 56	0 58	1 16	1
20	1 01 06	11 46 43	4 30	0 52	1 16	0
21	1 01 07	11 49 36	4 54	0 46	1 16	1
22	1 01 07	11 57 00	5 09	0 39	1 16	2
23	1 01 07	12 09 13	5 15	0 31	1 16	2
24	1 01 07	12 26 14	5 12	0 22	1 16	3
25	1 01 07	12 47 41	4 56	0 12	1 16	4
26	1 01 07	13 12 41	4 25	0 01	1 16	5
27	1 01 07	13 39 43	3 34	0 10	1 16	6
28	1 01 08	14 06 43	2 20	0 22	1 16	6
29	1 01 08	14 31 04	0 45	0 34	1 16	7
30	1 01 08	14 50 09	1 04	0 45	1 15	8
31	1 01 08	15 01 42	2 51	0 56	1 15	9

JANUARY			
1 Th	00 27	☽♓	
	02 55	☽⚹♇	G
	07 49	☽⚹♂	G
	09 51	☿♒	
	20 45	☽#♄	B
	21 39	☽∥♅	B
	23 09	☽⚹☉	G
2 Fr	03 58	☽∠♃	b
	07 40	☽∠☿	b
	11 19	☿⊻♇	
	13 41	☽☌♅	B
	18 23	☽☍♄	B
	19 45	☽⊻♆	g
	22 43	♀⊻♃	
3 Sa	08 51	☽⚹♃	G
	09 34	☽⊻♀	g
	09 50	☽♈	
	12 20	☽□♇	B
	12 35	♀♓	
	14 42	☽⚹☿	G
	14 47	☽#♅	B
	15 47	☽∥♄	B
	18 59	☿∥♃	
	20 18	☽□♂	B
	23 42	☽∠♆	b
4 Su	11 56	☽□☉	B
	15 26	☽∠♀	b
	19 32	♀⚹♇	
	20 53	☽#♀	G
	21 03	☽⊻♅	g
5 Mo	02 44	☽⚹♆	G
	06 41	☽#♆	D
	06 45	☿∠♅	
	15 41	♃♒	
	15 46	☽□♃	B
	15 46	☽♉	
	18 14	☽△♇	G
	20 05	☽⚹♀	G
	22 35	☽#♇	D
	23 20	☽∠♅	b
6 Tu	00 28	☽□☿	B
	03 11	♂Q♅	
	03 22	☽⚼♄	b
	04 34	☽△♂	G
	07 46	☽#☿	G
	09 47	♂∠♆	
	12 49	☽#♃	G
	19 13	☉⊥♆	
	19 50	☽⚼♇	b
	20 08	☽△☉	G
	23 41	☽#☉	G
7 We	00 46	☽⚹♅	G
	04 36	☽△♄	G
	06 05	☽□♆	B
	07 09	☽⚼♂	b
	10 03	☽#♂	B
	18 12	☽♊	
	19 00	☽△♃	G
	22 43	☽⚼☉	b
8 Th	02 09	☽□♀	B
	05 02	☽△☿	G
	06 43	☿⚼♄	
	19 35	☽⚼♃	b
9 Fr	01 34	☽□♅	B
	05 05	☽□♄	B
	05 53	☽⚼☿	b
	06 40	☽△♆	G
	15 28	☉⚹♅	
	18 14	☽♋	
	20 43	☽☍♇	B
10 Sa	02 56	♀⊥♃	
	05 31	☽△♀	G
	06 25	☽⚼♆	b
	08 45	☿⊥♇	
	11 04	☽☍♂	B
	17 14	☿⊻♀	
11 Su	01 06	☽△♅	G
	01 15	☽#♂	B
	02 58	☿∥♇	
	03 27	☽☍☉	B
	04 27	☽⚹♄	G
	06 58	☽⚼♀	b
	13 39	☽#☉	G
	16 43	☿Stat	
	17 41	☽♌	
	18 02	☉△♄	
	19 59	☽☍♃	B
	21 29	☽#♃	G
12 Mo	01 02	☽⚼♅	b
	04 19	☽∠♄	b
	06 03	☽☍☿	B
	09 24	☽#♇	D
	11 09	☽#☿	G
	15 24	☿⊥♇	
	19 51	♃⊻♇	
	20 33	☽⚼♇	b
	21 19	☉⊻♆	
13 Tu	00 29	☽#♆	D
	04 39	☽⊻♄	g
	06 38	☽☍♆	B
	15 21	☽⚼♂	b
	18 33	☽♍	
	21 25	☽△♇	G
14 We	01 57	☽#♀	G
	10 25	☽⚼☉	b
	11 38	☽∥♄	B
	13 33	☽#♅	B
	14 20	☽☍♀	B
	18 14	☽△♂	G
	23 51	☽⚼♃	b
15 Th	04 12	☿⚼♄	
	04 16	☽☍♅	B
	07 22	☽⚼☿	b
	07 32	☽☌♄	B
	08 36	☿⊥♀	
	14 37	☽△☉	G
	22 30	☽♎	
16 Fr	01 43	☽□♇	B
	02 28	☽∥♅	B
	02 55	☽△♃	G
	04 42	☽#♄	B
	08 43	☽△☿	G
	10 22	☽∥♀	G
	12 54	☽⚼♆	b
	16 51	♀Q♇	
17 Sa	03 21	☽□♂	B
	06 17	☿∠♅	
	14 09	☽⊻♄	g
	16 56	☽△♆	G
	19 35	☽∥♆	D
18 Su	02 46	☽□☉	B
	06 20	☽♏	
	07 07	☽⚼♀	b
	07 59	☽∥☿	G
	09 56	☽⚹♇	G
	12 09	☽□♃	B
	12 53	☽□☿	B
	13 48	☽∥♇	D
	15 43	☽⚼♅	b
	18 52	☽∠♄	b
	18 59	♂⊥♆	
	19 07	☿☌♃	
19 Mo	02 05	☽∥♃	G
	04 47	☽∥☉	G
	05 16	♀#♄	
	14 59	☽△♀	G
	15 22	☽∠♇	b
	16 58	☽⚹♂	G
	17 56	☿⊻♇	
	18 42	☿∠♀	
	21 18	☽△♅	G
	22 40	☉♒	
20 Tu	00 11	☽∥♂	B
	00 21	☽⚹♄	G
	03 37	☽□♆	B
	14 53	♀∥♅	
	15 59	☉☌☿	
	17 30	☽♐	
	18 41	☽⚹☿	G
	19 15	☽⚹☉	G
	21 25	☽⊻♇	g
21 We	00 46	☽⚹♃	G
	01 02	☽∠♂	b
	05 36	☿♑	
	17 41	♀∠♃	
	20 45	☉∥♃	
	21 25	☉⊻♇	
	22 02	☽∠☿	b
22 Th	04 27	☽∠☉	b
	07 46	☽∠♃	b
	08 43	☽□♀	B
	09 32	☽⊻♂	g
	09 59	☽□♅	B
	12 42	☽□♄	B
	16 23	☽⚹♆	G
	16 59	♂⚹♅	
23 Fr	01 01	♀☌♅	
	01 35	☽⊻☿	g
	06 18	☽♑	
	10 26	☽☌♇	D
	13 49	☽⊻☉	g
	14 53	☽⊻♃	g
	22 58	☽∠♆	b
24 Sa	05 44	☉☌♃	
	08 04	♂△♄	
	08 15	♀☍♄	
	09 05	♀⚹♂	
	23 04	☽⚹♅	G
	23 21	☉∠♅	
25 Su	01 20	☽△♄	G
	02 35	☽☌♂	B
	02 52	☽⚹♀	G
	05 23	☽⊻♆	g
	08 09	☽∥♂	B
	09 08	☽☌☿	G
	18 56	☽♒	
	21 35	☿∥♇	
	23 10	☽⊻♇	g
26 Mo	00 48	☉⚼♄	
	04 24	☽∥♃	G
	04 36	☽☌♃	G
	05 17	☽∠♅	b
	07 18	☽⚼♄	b
	07 55	☽☌●	D
	09 28	☽∥☉	G
	11 25	☽∠♀	b
	12 29	♀⊻♆	
	13 44	☽∥☿	G
	14 31	☽∥♇	D
	23 31	☿⚹♀	
	23 58	♂⊻♆	
27 Tu	05 03	☽∠♇	b
	06 11	☿☌♂	
	09 39	☽∥♆	D
	11 06	☽⊻♅	g
	12 22	☿⊻♆	
	16 57	☽⊻☿	g
	17 12	☽☌♆	D
	18 18	☽⊻♂	g
	19 26	☽⊻♀	g
	23 05	♃∠♅	
	23 34	☉⊥♇	
28 We	01 59	☉∥☿	
	06 12	☽♓	
	10 27	☽⚹♇	G
	16 43	☽⊻♃	g
	20 49	☽∠☿	b
29 Th	00 01	☽⊻☉	g
	00 32	☽#♄	B
	01 20	☽∠♂	b
	04 54	☽∥♅	B
	18 31	☉∥♇	
	21 15	☽☌♅	B
	21 57	☽∠♃	b
	22 31	☽☍♄	B
	22 59	☽∥♀	G
30 Fr	00 34	☽⚹☿	G
	00 34	☽#♀	G
	03 05	☽⊻♆	g
	07 02	☽∠☉	b
	07 41	☽⚹♂	G
	09 24	☽☌♀	G
	15 25	☽♈	
	18 25	☽#♅	B
	19 38	☽□♇	B
	22 58	☽∥♄	B
	23 03	♃⚼♄	
31 Sa	02 34	☽⚹♃	G
	07 08	☽∠♆	b
	13 16	☽⚹☉	G
FEBRUARY			
1 Su	05 00	☽⊻♅	g
	07 11	☿Stat	
	07 21	☽□☿	B
	10 32	☽⚹♆	G
	11 14	☽#♆	D
	18 08	☽□♂	B
	20 11	☽⊻♀	g
	22 02	☿∥♃	
	22 09	☽♉	
2 Mo	00 26	☽#☉	G
	02 17	☽△♇	G
	04 55	☽#♇	D
	07 54	☽∠♅	b
	08 29	☽⚼♄	b
	09 43	☽□♃	B
	11 45	☽#♃	G
	12 26	☽#☿	G
	15 04	♀⊥♆	
	23 13	☽□☉	B
3 Tu	00 19	☽∠♀	b
	00 25	☽#♂	B
	03 41	♀♈	
	04 36	☽⚼♇	b
	06 10	☉⊥♅	
	10 07	☽⚹♅	G
	10 29	☽△♄	G
	11 25	☉±♄	
	12 41	☽△☿	G
	15 20	☽□♆	B
4 We	01 27	☽△♂	G
	02 14	☽♊	
	03 38	☽⚹♀	G
	14 08	☽△♃	G
	14 43	☽⚼☿	b
	15 55	♂♒	
5 Th	04 03	☽⚼♂	b
	06 00	☽△☉	G
	10 56	♄☍♅	
	12 45	☽□♄	B
	12 46	☽□♅	B
	15 28	☽⚼♃	b
	17 44	☽△♆	G
	21 10	☉∠♀	
6 Fr	02 45	☉∠♇	
	04 06	☽♋	
	04 25	♀□♇	
	08 06	☽☍♇	B
	08 18	☽□♀	B
	08 29	☽⚼☉	b
	18 17	☽⚼♆	b
7 Sa	07 02	☿⊻♆	
	13 25	☽⚹♄	G
	13 48	☽△♅	G
	19 07	☽☍☿	B
	21 17	♂⊻♇	
8 Su	04 43	☽♌	
	07 20	☽#♂	B
	09 23	☽☍♂	B
	10 30	☽#☿	G
	11 32	☽△♀	G
	13 34	☽∠♄	b
	14 08	☽⚼♅	b
	16 07	☽#♃	G
	17 43	☽☍♃	B
	20 40	☽#♇	D
	21 12	♀#♅	
9 Mo	01 39	☉▽♄	
	09 10	☽⚼♇	b
	10 24	☽#☉	G
	11 42	☉⊻♅	
	13 03	☽#♆	D
	13 11	☽⚼♀	b
	13 51	☽⊻♄	g
	14 49	☽☍☉	B
	19 29	☽☍♆	B
10 Tu	05 38	☽♍	
	09 53	☽△♇	G
	20 14	☽∥♄	B
	22 46	☽∥♀	G
11 We	00 53	☽⚼☿	b
	02 15	☽#♅	B
	02 38	♃⊥♇	
	05 04	☿∥♂	
	11 21	☉∥♆	
	11 31	♂⚼♄	
	15 43	☽☌♄	B
	15 59	☽⚼♂	b
	16 56	☽☍♅	B
	21 44	☽⚼♃	b
12 Th	04 17	☽△☿	G
	08 33	☽♎	

									MARCH										
	10 07	♂∠♅			14 38	☽⚹Ψ	g				Mo	01 04	☽⊻☿	G	We	11 32	☽⚹Ψ	G
	10 26	☽∥♅	B	22	01 56	♂±h						03 06	☽∥☿	G		13 03	☿⚹♃	
	12 41	⊙♂Ψ		Su	02 06	☽≈		1	01 47	♂▽h		06 56	☽∘∘♅	B		17 47	☽□⊙	B
13 08	☽□♇	B		04 16	☿⊥♇		Su	02 59	☽⊻♂	B		07 56	☽∘∘♂	B		21 19	☽♈	
16 46	♀∥h			07 48	☽⊻♇	g		03 33	☽♉			15 34	☽♍		19	00 16	☿⊻h	
17 04	☽⊻h	B		09 01	♂∥♇			06 07	☽⊻☿	G		16 02	☽□♀	b	Th	00 27	☽∠♃	b
17 05	☽⊻♀	G		09 55	☽⊻⊙	g		08 51	☽△♇	G		18 11	☽∘∘☿	B		03 41	☽⚹♂	G
19 40	☽△♂	g		11 05	☽□h	b		09 20	☽⊻♃	G		20 14	☿⊻♀			03 52	☽♂♇	D
21 28	☽∘∘♀	B		15 11	☽∠♅	b		10 32	☽⊻♇	D		20 49	☽△♇	G		04 00	☿∠h	
Fr	00 21	☽⊡♅	b		15 48	☽∥☿	G		10 34	☽□h	b	10	03 08	☽∥h	B		06 15	♂⚹♇	
Fr	00 29	☽△♃	G		20 57	☽∥♃	G		12 56	☽▽h		Tu	13 50	☽⊻⊙	G		18 03	☽∠Ψ	b
01 16	☽⊡⊙	b		21 33	☽•☿	G		15 51	☽∠♅	b		14 47	☽⊻♅	B		21 32	☽□♀	B
20 32	☽⊻h	g		21 46	☽∥♇	D		23 54	☽⚹⊙	G		17 38	☿⚹♇		20	07 27	☽⊻♃	G
23 10	☽∥⊙	G		22 27	☽∥♂	B	2	01 50	♃±h			22 26	☽♂h	B	Fr	08 48	☽△h	G
14	02 52	☽∥Ψ	D	23	00 37	☽•♃	G	Mo	02 19	☽□♃	B	11	02 38	☽∘∘♅	B		11 44	⊙♈	
Sa	03 40	☽△♅	G	Mo	03 48	☽⚹♀	B		03 05	☿♂♂		We	05 48	☽□♀	G		12 19	☽∠♂	b
06 51	☽△⊙	G		04 16	⊙⊻♀			06 03	☽⊻♀	g		06 12	⊙∥♅	G		14 13	☽⚹☿	G
14 46	☽□☿	B		06 48	☽♂♂	B		11 12	☽♇	b		09 27	☿∥Ψ			20 06	☽⚹♅	G
14 51	☽♍			13 29	☽∠♇	b		12 43	☽△h	G		09 38	⊙⊥♃	G	21	00 33	☽⊻Ψ	g
15 39	☿≈			18 19	☽∥♅	D		15 02	☽♂♂	B		12 35	♀⚹♀		Sa	10 06	☽≈	
19 52	☽⚹♇	D		20 49	☽⊻♅	g		15 42	☽□♀	B		17 49	☽∥⊙	G		12 08	☽∥♀	G
22 04	☽∥♇	D	24	02 08	☽♂Ψ	D		18 11	☽⚹♅	G		18 31	☽∥♅	B		13 34	♀∠♂	
15	00 21	☽∠h	b	Tu	06 53	☿♂♃			20 40	☽□Ψ	B		18 46	☽≈			14 53	☽⊻♇	b
Su	01 22	☽∥♃	G		09 59	☽∠♀	b	3	07 59	☽♓			18 49	☽⊡♃	b		16 37	☽⚹♇	g
02 28	☽⊡♅	b		10 55	☽∥♂	G	Tu	08 23	☽∠♀	b	12	00 15	☽□♇	B		17 46	♃⊥♅	
06 16	☽∥♂	B		13 00	☽♓			15 35	☿⚹♅	G	Th	06 57	☽⊻h	B		18 40	☽⊥Ψ	
06 24	☽□♂	B		15 06	☽∥⊙	G		17 43	☽⚹♃	G		12 15	☽□♀	b		20 39	☽⚹♂	g
08 59	☽□♃	B		18 33	☽⚹♇	G		20 40	⊙⚹h			17 51	☽□♂	B	22	01 53	☽∠♂	b
10 02	☽∥☿	G		20 08	♂⊥♅		4	06 58	☽△♃	G		20 36	☽∘∘♂	B	Su	02 21	☽∠♅	b
14 26	♀∠♅		25	01 35	☽♂⊙	D	We	07 46	☽□♇	B		21 40	☽△♃	G		05 02	☿♂h	
21 06	♂⊥♇		We	03 56	☽⊻h	B		10 17	☽⚹♀	G	13	00 30	☽∥☿	G		05 31	☽∥♇	D
16	00 41	☽∠♇	b		08 13	☽∥♇	G		16 00	☽□h	B	Fr	01 27	⊙♂♅	G		06 01	☽⊥♃	
Mo	05 05	☽⚹h	G		11 38	☽⚹♃	g		21 34	☽△♂	G		02 38	☽⚹h	g		07 18	☽⚹♀	G
07 33	☽△♅	G		12 13	☽∥♅	B		21 49	☽□♅	B		09 08	☽⊻♀	G		13 37	☽∥♃	G
13 12	☽⊡Ψ	B		13 53	☽∥♅	B	5	01 17	☽△♀	G		09 13	☽∥♂	B		16 46	☿▽h	
14 17	☽⊡♀	B		14 30	☽⚹♀	g	Th	02 10	☽△Ψ	G		10 55	☽⊡♀	b		19 47	⊙∠♃	
21 37	☽∥⊙	B		15 23	☽⚹♀	g		02 41	☿⚹♅			11 07	♀⊥♂			19 54	♀∠Ψ	
17	00 53	☽♓			20 16	☽∠♀	g		08 50	☽□♃	b		11 32	☽∥♅	D		20 33	☽♂♃	G
Tu	03 43	☿⚹♇		26	00 59	☽⚹♀	G		09 40	☿♂Ψ			15 14	☽△♀	G		20 36	☽⊡⊙	b
04 47	♀⚹♃	D	Th	01 26	☽∘∘h	B		09 50	☿∥♂			21 34	☿⊥♀			22 22	☽⊡♇	b
06 20	☽⚹♀	g		06 09	☽♂♅	B		11 07	☽♉			22 39	☽△♂	G	23	03 38	☽∥Ψ	D
06 36	☽⚹♀	G		11 10	☽⚹Ψ	g		12 09	⊙⊡♇	B	14	00 22	☽♍		Mo	08 00	☽⚹♅	g
16 27	♂♂♃			14 20	☽∥♇	B		16 17	☽∘∘♀	B	Sa	02 42	☽∥♃	G		09 17	☽⚹♀	G
21 12	☽⚹♃	G		16 09	☽∠♃	b		21 25	☽⚹♀	G		05 23	♀∠♂			11 22	☽∠♀	b
21 26	☽⚹♀	G		16 11	⊙⊥♀	G	6	00 21	☽□♂	b		05 49	☽∠h	b		12 08	☽⊻♀	G
21 41	☽△♀	G		21 24	☽♈		Fr	03 31	☽⊡♅	b		06 14	☽⊻♇	D		12 09	☽♂Ψ	D
18	09 31	♀⚹♂			21 27	☿∥♃			05 37	☽□♀	b		07 51	☽∥♇	D		12 39	☽⚹♀	
We	12 46	⊙♓			21 47	☽∠♀	b		13 06	☽⊡♀	b		14 39	☽⊡♅	b		16 43	☽∥♅	B
16 05	☽∠☿	b		22 14	☽⊻♅	B		14 15	☽△⊙	G		17 37	☽⊡⊙	b		18 35	⊙□♇	
16 40	☽□h	B	27	01 52	☽∠♂	b		17 17	♀Stat			18 45	☽△☿	G		19 13	☽∥♂	B
19 51	☽⊡♅	B	Fr	02 48	☽⊡♇	B		18 16	☽⚹h	B	15	03 20	♂♈			21 08	☽♓	
21 34	☿⊡♅	b		08 19	☽∥h	B	7	00 29	☽△♅	G	Su	05 53	☽□♃	B	24	03 23	☽⚹♇	G
19	01 36	☽⚹Ψ	G		08 23	☿⊥♅	B	Sa	01 04	☽♀			09 52	☽⚹h	G	Tu	04 07	☽⚹♀	G
Th	04 10	☽∠♃	b		14 04	☽⚹⊙	g		07 11	☽⊡⊙	b		10 50	☽⊻h	b		08 12	☽⊻h	B
05 57	☽∠♂	b		14 47	☽⊻Ψ	b		11 19	☽∠h	b		12 53	⊙⚹Ψ			11 02	☽♂♂	B
13 25	☽♓			15 35	☽⊻⊙	G	8	01 37	☽⊡♅	b		19 18	☽△♅	G		14 43	☽⚹♀	g
15 44	☽⚹⊙	G		17 54	♂∠♇		Su	05 49	☽⊻♇	D		23 48	☽⊡Ψ	B	25	00 24	☽∥♅	B
19 06	☽♂♇	B		20 03	☽⊻♃	G		08 52	☽⊻♃	G	16	03 03	☽⊡♀	b	We	05 23	☿∘∘h	G
20	02 03	☽⚹♀	g		23 57	☽•♀	G		12 30	☽∠♀	b	Mo	06 33	☽⚹♀	b		05 33	☽∥♇	G
Fr	06 26	♀∠♅		28	04 20	☽⚹☿	G		12 50	☿♂♀			11 24	☽♂♂	B		06 23	☽⊻⊙	G
08 12	☽∠Ψ	b	Sa	04 47	☽∥♀	B		13 20	☽∘∘♃	B		15 38	☽⚹♇	g		09 43	⊙⊻♀	B
11 16	☽⚹♀	g		06 48	☽⚹♂	G		15 05	☽△♀	G		16 53	☽∘∘♃	B		16 53	☽▽♃	
13 21	☽⊡♀	B		13 07	☽♈			18 56	☿♈		17	09 00	☿⚹♀			19 55	☽♈	
14 35	☽⚹♂			15 31	☽⊻♅	D		19 38	☽⊡♀	b	Tu	11 12	☽△♀	G		20 25	☽∥♃	G
21	01 01	☽∠♅	b		17 51	☽⊻Ψ			19 53	⊙∘∘h			17 38	☽⚹♃	G		20 42	☽⚹Ψ	g
Sa	05 11	☽△h	G		19 16	☽∠⊙	b		20 05	☽⚹h	g		20 22	☿♂♀			22 05	♀⚹♂	
06 16	♂∥♃			20 39	☿∠♇			21 18	☽⊻♂	G		20 24	☽□h	B	26	22 50	☽∥⊙	G
08 03	⊙⚹♇							23 57	☽⊻♅	D	18	06 57	☿∠♀			23 30	☽⊻♅	B
09 01	☽⚹♅	G					9	00 11	☿∠♀									

Th	05 03	☽♈	
	06 37	☽☌☿	G
	10 32	☽∠♃	b
	10 58	☽□♇	B
	13 36	☿⊥♆	
	16 06	☽☌☉	D
	19 15	☽☌♀	G
	19 28	☽∥♄	B
	21 36	☽⊻♂	g
	23 48	☽∠♆	b
27 Fr	03 17	☽#♂	B
	09 06	☽∥♀	G
	11 45	☿∠♃	
	12 16	☿□♇	
	13 38	☽✱♃	G
	17 03	♃∠♇	
	19 24	☉☌♀	
	21 26	☽#♆	D
	22 45	☽⊻♅	g
28 Sa	01 40	☽∠♂	b
	02 17	☽✱♆	G
	08 40	☽#♃	G
	10 09	☽♉	
	13 23	☽⚼♄	b
	15 51	☽△♇	G
	17 22	☽#♇	D
	18 08	☉#♅	
	20 25	☽⊻☿	g
	21 31	☽⊻♀	g
29 Su	00 47	☽⊻☉	g
	00 52	☽∠♅	b
	02 31	☿☌♀	
	05 11	☽✱♂	G
	15 04	☽△♄	G
	17 38	☽⚼♇	b
	18 18	☽□♃	B
	22 09	☽∠♀	b
30 Mo	02 26	☽∠☿	b
	02 39	☽✱♅	G
	04 25	☽∠☉	b
	06 00	☽□♆	B
	13 36	☽♊	
	22 37	☽✱♀	G
31 Tu	03 29	☉☌☿	
	03 36	☿∠♆	
	03 43	☉∠♆	
	04 21	☿#♅	
	07 50	☽✱☉	G
	08 12	☽✱☿	G
	11 18	☽□♂	B
	17 51	☽□♄	B
	22 00	☽△♃	G
APRIL			
1 We	05 48	☽□♅	B
	09 03	☽△♆	G
	16 30	☽♋	
	17 02	☿⊻♂	
	17 56	♀∠♃	
	22 06	☽☍♇	B
	22 58	♂#♄	
	23 29	☽□♀	B
	23 47	☽⚼♃	b
2 Th	00 16	☉∥☿	
	10 34	☽⚼♆	b
	14 34	☽□☉	B
	17 12	☽△♂	G
	19 46	☽□☿	B
	20 32	☽✱♄	G

3 Fr	00 52	☿⊽♄	
	08 59	☽△♅	G
	10 23	♀□♇	
	16 31	♂Q♇	
	19 32	☽☊	
	20 16	☽⚼♂	b
	21 59	☽∠♄	b
4 Sa	00 13	☿#♂	
	00 38	☽△♀	G
	10 42	☽⚼♅	b
	11 48	☽#♇	D
	14 58	☿✱♃	
	17 34	♇ Stat	
	17 47	☿∥♄	
	18 24	☿∥♀	
	19 50	♀∥♄	
	21 38	☽△☉	G
	22 13	☽#♃	G
	23 32	☽⊻♄	g
5 Su	00 55	♂☍♄	
	01 26	☽⚼♀	b
	02 52	☽⚼♇	b
	05 35	☽☍♃	B
	07 38	☽#♆	D
	07 55	☽△☿	G
	15 14	☉#♂	
	15 39	☽☍♆	B
	20 19	☿±♄	
	23 01	☽♍	
	23 09	☉⊽♄	
6 Mo	01 25	☽⚼☉	b
	02 31	☽∥☿	G
	04 44	☽△♇	G
	07 29	☽∥♄	B
	09 02	☿⊥♂	
	09 56	☽∥♀	G
	11 04	☽∥☉	G
	13 24	☽#♂	B
	13 57	♀⊥♆	
	14 22	☽⚼☿	b
	15 50	☿⊻♅	
	19 52	☉∥♀	
7 Tu	00 57	☽#♅	B
	03 11	☽☌♄	B
	06 27	☽☍♂	B
	12 38	☿✱♆	
	16 52	☽☍♅	B
8 We	00 41	☽∥♅	B
	03 22	☽♎	
	05 15	☽☍♀	B
	09 12	☽□♇	B
	10 15	☽∥♂	B
	13 04	☽#♀	G
	13 04	☽⚼♃	b
	18 30	☽#☉	G
	18 54	☽#♄	B
	22 35	☽⚼♆	b
9 Th	01 07	☉∥♄	
	08 04	☽⊻♄	g
	13 27	☽#☿	G
	14 21	☿♉	
	14 56	☽☍☉	B
	16 05	☿⊥♅	
	16 20	☽△♃	G
	19 35	☽∥♆	D
	19 47	☉⊻♂	
	20 12	☿⊻♀	
10 Fr	01 45	☽△♆	G
	02 48	☿⚼♄	

	04 30	☽∥♃	G
	09 23	☽♏	
	11 16	☽∠♄	b
	12 51	☽☍☿	B
	13 43	☉✱♃	
	15 27	☽✱♇	G
	17 11	☽∥♇	D
	19 41	♂⊻♃	
	20 16	☽⚼♂	b
11 Sa	01 11	☿Q♃	
	02 29	☽⚼♅	b
	02 34	☿#♆	
	05 52	☿△♇	
	12 47	♀♓	
	13 19	☽⚼♀	b
	15 08	☽✱♄	G
	17 21	☉±♄	
	19 33	☽∠♇	b
12 Su	00 51	☽□♃	B
	02 21	☽△♂	G
	06 59	☽△♅	G
	10 05	☽□♆	B
	12 22	☿⊥♀	
	17 28	☽△♀	G
	18 01	☽♐	
13 Mo	00 23	☽⊻♇	g
	05 19	☿#♃	
	10 53	☽⚼☉	b
	15 35	☿Q♆	
	18 46	☿∠♂	
14 Tu	01 04	☽□♄	B
	04 52	☉⊻♅	
	10 36	☿∠♅	
	12 21	☽✱♃	G
	17 11	☽□♂	B
	18 12	☽□♅	B
	19 20	☽△☉	G
	19 32	☽⚼☿	b
	21 18	☽✱♆	G
15 We	04 07	☽□♀	B
	05 27	☽♑	
	10 00	♂☌♅	
	12 04	☽☌♇	D
	19 00	☽∠♃	b
	19 55	☉✱♆	
16 Th	03 42	☽∠♆	b
	07 13	☽△☿	G
	13 17	☽△♄	G
	18 55	♂∥♅	
	20 02	☿#♇	
17 Fr	01 53	☽⊻♃	g
	04 15	☿∠♀	
	07 15	☽✱♅	G
	10 13	☽✱♂	G
	10 14	☽⊻♆	g
	10 21	♂⊻♆	
	13 36	☽□☉	B
	16 42	☽✱♀	G
	18 19	☽♒	
	19 24	♀ Stat	
	19 36	☽⚼♄	b
18 Sa	00 52	☿△♄	
	00 54	☽⊻♇	g
	07 22	☽#☿	G
	12 51	☽∥♇	D
	13 40	☽∠♅	b
	18 34	☽∠♂	b
	22 54	☽∠♀	b
19	03 57	☉⊻♀	

Su	04 47	☽∥♃	G
	05 25	☽□☿	B
	06 53	☽∠♇	b
	12 26	☽∥♆	D
	14 53	☽☌♃	G
	17 06	☿⚼♇	
	19 31	☽⊻♅	g
	20 52	☽#☉	G
	22 16	☽☌♆	D
	22 44	☉♉	
20 Mo	02 11	☽⊻♂	g
	04 35	☽⊻♀	g
	05 55	☽♓	
	06 32	☽✱☉	G
	11 19	☉⚼♄	
	12 10	☽✱♇	G
	13 37	♂⊥♃	
	13 41	☽#♄	B
	16 05	☉⊥♅	
21 Tu	10 47	☽#♀	G
	11 16	☽∥♅	B
	11 23	☽☍♄	B
	13 28	☽∠☉	b
	17 16	☽∥♂	B
	22 25	☽✱☿	G
	23 19	♀☌♂	
22 We	00 45	☽⊻♃	g
	03 37	☽#♂	B
	04 38	☽☌♅	B
	07 04	☽⊻♆	g
	09 58	☽#♅	B
	09 59	☽∥♀	G
	10 30	♀#♅	
	13 29	☽●♀	G
	13 44	♂♈	
	14 09	☽♈	
	14 10	☽☌♂	B
	19 10	☽⊻☉	g
	19 57	☽□♇	B
23 Th	00 53	☿□♃	
	04 12	☽∠♃	b
	04 30	☽∠☿	b
	05 44	☉△♇	
	06 44	☽∥♄	B
	10 03	☽∠♆	b
24 Fr	04 10	☽∥☉	G
	05 19	☽#♆	D
	06 45	☽✱♃	G
	07 18	♀♈	
	09 12	☽⊻☿	g
	10 01	☽⊻♅	g
	11 05	☽#♃	G
	12 11	☽✱♆	G
	18 46	☽♉	
	18 58	☽⊻♀	g
	19 20	☽⚼♄	b
	19 38	☿✱♅	
	21 51	☽⊻♂	g
	23 10	☉#♆	
25 Sa	00 12	☽△♇	G
	01 56	☽#♇	D
	03 23	☽☌☉	D
	04 59	☉Q♃	
	08 56	♂⊥♆	
	11 36	☽∠♅	b
	20 35	☽△♄	G
	20 47	☽∠♀	b
26 Su	00 33	☽∠♂	b
	00 54	☿□♆	

	01 24	☽⚼♇	b
	01 39	☽∥☿	G
	09 56	☽□♃	B
	12 43	☽✱♅	G
	14 43	☽□♆	B
	15 42	☽☌☿	G
	16 14	♂□♇	
	19 55	☉⊥♀	
	21 02	☽♊	
	22 16	☽✱♀	G
27 Mo	01 59	☿±♇	
	02 51	☽✱♂	G
	09 00	☽⊻☉	g
	22 11	☽□♄	B
28 Tu	09 10	☉Q♆	
	11 34	☽∠☉	b
	12 01	☽△♃	G
	12 14	☉#♃	
	14 29	☽□♅	B
	16 23	☽△♆	G
	20 22	☽⊻☿	g
	22 38	☽♋	
29 We	01 07	☽□♀	B
	03 52	☽☍♇	B
	07 17	☽□♂	B
	13 09	☽⚼♃	b
	14 16	☽✱☉	G
	17 21	☽⚼♆	b
	22 38	☽∠☿	b
	23 54	☽✱♄	G
30 Th	09 00	☉∠♅	
	11 06	☽∥☿	G
	16 45	☽△♅	G
	21 27	♀⊥♆	
	22 29	☿♊	
MAY			
1 Fr	00 56	☽☊	
	01 02	☽✱☿	G
	01 09	☽∠♄	b
	05 00	☽△♀	G
	12 43	☽△♂	G
	16 05	☽#♇	D
	18 22	☽⚼♅	b
	20 44	☽□☉	B
2 Sa	02 43	☽∥☉	G
	02 46	☽⊻♄	g
	07 36	☽⚼♀	b
	07 56	☽⚼♇	b
	08 24	☽#♃	G
	12 53	☽#♆	D
	16 04	☽⚼♂	b
	17 10	♀□♇	
	18 24	☽☍♃	B
	22 08	☽☍♆	B
3 Su	04 37	☽♍	
	06 28	☽□☿	B
	10 02	☽△♇	G
	10 41	☽∥♄	B
	13 25	♀∥♂	
4 Mo	05 03	☽△☉	G
	05 04	♂#♅	
	07 08	☽☌♄	B
	08 09	☽∥♂	B
	08 19	☽#♅	B
	08 56	☽∥♀	G
	17 39	♂∠♃	
5 Tu	01 31	☽☍♅	B
	04 10	☽#♀	G

	04 32	☽∥♅	B
	05 53	☽#♂	B
	09 34	☉△♄	
	09 51	☽♎	
	09 56	☽⚼☉	b
	12 47	☽△☿	G
	15 23	☽□♇	B
	18 20	☽☍♀	B
6 We	02 54	☽#♄	B
	03 09	☽⚼♃	b
	04 19	♀#♅	
	04 54	☽☍♂	B
	06 24	☽⚼♆	b
	13 06	☽⊻♄	g
	16 16	☽⚼☿	b
7 Th	01 49	☽∥♆	D
	05 01	☿Stat	
	05 53	☽∥♃	G
	06 53	♂∠♆	
	06 56	☽△♃	G
	10 00	☽△♆	G
	16 46	☽∠♄	b
	16 48	☽♏	
	21 26	☽#☉	G
	22 27	☽⚹♇	G
8 Fr	00 35	☽∥♇	D
	11 39	☉⚼♇	
	12 30	☽⚼♅	b
	20 58	☽⚹♄	G
9 Sa	02 45	☽∠♇	b
	03 50	☽#☿	G
	04 01	☽☍☉	B
	10 09	☽⚼♀	b
	16 04	☽□♃	B
	17 12	☽△♅	G
	17 25	☉⊥♂	
	18 48	☽□♆	B
	22 41	☽⚼♂	b
10 Su	01 49	☽♐	
	01 57	☉#♇	
	04 30	☽☍☿	B
	07 37	☽⊻♇	g
	16 50	☽△♀	G
11 Mo	05 59	☽△♂	G
	07 06	☽□♄	B
	23 23	♂∇♄	
12 Tu	03 33	☽⚹♃	G
	04 24	☽□♅	B
	05 55	☽⚹♆	G
	13 09	☽♑	
	18 24	☿∠♂	
	19 05	☽☌♇	D
13 We	04 24	☽⚼☉	b
	08 21	☽□♀	B
	10 03	☽∠♃	b
	12 13	☽∠♆	b
	19 20	☽△♄	G
	19 40	☽⚼☿	b
	22 24	☽□♂	B
	23 53	☿♉	
14 Th	13 35	☽△☉	G
	16 33	♀∠♃	
	16 48	☽⊻♃	g
	17 20	☽⚹♅	G
	18 44	☽⊻♆	g
15 Fr	00 58	☽△☿	G
	01 51	☽⚼♄	b
	02 01	☽♒	
	04 16	☽#☿	G
	07 55	☽⊻♇	g
	11 13	☽#☉	G
	19 18	☽∥♇	D
	23 53	☽∠♅	b
	23 59	♀∠♆	
16 Sa	01 17	☽⚹♀	G
	08 45	☉□♃	
	13 09	☉⚹♅	
	14 10	☽∠♇	b
	15 25	☽⚹♂	G
	16 54	☽∥♃	G
	19 55	☽∥♆	D
	23 45	☉‼☿	
17 Su	02 06	♄Stat	
	05 05	☉□♆	
	05 47	☽☌♃	G
	06 02	☽⊻♅	g
	07 15	☽☌♆	D
	07 26	☽□☉	B
	09 19	☽∠♀	b
	10 40	☽□☿	B
	14 17	☽♓	
	15 24	☉±♇	
	19 53	☽⚹♇	G
	20 23	☽#♄	B
	22 05	☿∠♀	
	23 06	☽∠♂	b
18 Mo	02 02	☽#♂	B
	10 02	☉☌☿	
	12 27	☽#♀	G
	16 29	☽⊻♀	g
	19 13	☽☍♄	B
	21 09	☽∥♅	B
19 Tu	05 45	☽⊻♂	g
	14 25	♃⊻♅	
	15 56	☽☌♅	B
	15 56	☽⊻♃	g
	16 43	☽#♅	B
	16 57	☽⊻♆	g
	17 29	☿⊥♂	
	17 39	☽⚹☿	G
	18 35	☿±♇	
	20 03	♂±♄	
	21 43	☽⚹☉	G
	23 30	☽♈	
20 We	02 35	☽∥♀	G
	04 38	☽□♇	B
	09 21	☿□♆	
	11 43	♀∇♄	
	14 03	☽∥♂	B
	16 13	☽∥♄	B
	19 27	☽∠♃	b
	19 50	☽∠☿	b
	20 17	☽∠♆	b
	21 51	☉♊	
21 Th	02 14	☿#♇	
	02 56	☽∠☉	b
	03 23	☽☌♀	G
	03 44	☿□♃	
	06 46	☿⚹♅	
	14 15	☽#♆	D
	15 22	☽☌♂	B
	16 23	☽#♃	G
	21 10	☽⊻☿	g
	21 45	☽⊻♅	g
	21 56	☽⚹♃	G
	22 36	☽⚹♆	G
22 Fr	04 33	☽⚼♄	b
	04 40	☽♉	
	06 56	☽⊻☉	g
	08 11	♂∥♄	
	09 03	☽∥☿	G
	09 22	☽△♇	G
	11 30	☽#♇	D
	19 44	☉∠♀	
	23 16	☽∠♅	b
23 Sa	03 11	☽∥☉	G
	05 50	☽△♄	G
	09 47	☽⊻♀	g
	10 27	☽⚼♇	b
	17 55	☉∇♇	
	20 43	☽⊻♂	g
	21 47	☽☌☿	G
24 Su	00 06	☽⚹♅	G
	00 25	☽□♃	B
	00 48	☽□♆	B
	06 34	☽♊	
	10 09	☿⊻♂	
	11 51	☽∠♀	b
	12 11	☽☌☉	D
	13 52	☿⊥♀	
	22 24	☽∠♂	b
25 Mo	06 47	☽□♄	B
	13 32	☽⚹♀	G
	21 01	☽⊻☿	g
	23 50	☽⚹♂	G
26 Tu	00 41	☽□♅	B
	01 07	☽△♃	G
	01 17	☽△♆	G
	06 58	☽♋	
	11 16	☽☍♇	B
	15 53	☽⊻☉	g
	17 09	♂⊻♅	
	20 40	☽∠☿	b
27 We	01 25	☽⚼♃	b
	01 29	☽⚼♆	b
	03 19	♂⚹♃	
	04 37	♂⚹♆	
	07 12	☽⚹♄	G
	15 58	♀±♄	
	17 03	☽□♀	B
	17 54	☽∠☉	b
	20 06	♃☌♆	
	20 38	☽⚹☿	G
28 Th	01 03	☽∥☉	G
	01 25	☽△♅	G
	03 06	☽□♂	B
	07 44	☽♌	
	07 46	☽∠♄	b
	20 23	☽⚹☉	G
	21 25	☽#♇	D
29 Fr	02 19	☽⚼♅	b
	04 33	♆Stat	
	08 48	☽⊻♄	g
	08 51	☽∥☿	G
	10 23	☉Q♅	
	13 07	☽⚼♇	b
	16 39	☽#♃	G
	18 06	☽#♆	D
	19 23	☿⊻♀	
	22 09	☽□☿	B
	22 21	☽△♀	G
30 Sa	04 14	☽☍♆	B
	04 27	☽☍♃	B
	06 22	☽∥♂	B
	08 18	☽△♂	G
	10 17	☽♍	
	14 44	☽△♇	G
	15 42	☽∥♄	B
	17 47	☽∥♀	G
31 Su	01 22	☿Stat	
	02 05	☽⚼♀	b
	03 22	☽□☉	B
	11 57	☽⚼♂	b
	12 38	☽☌♄	B
	14 19	☽#♅	B
	21 18	♂♉	
JUNE			
1 Mo	00 41	♂⚼♄	
	02 32	☽△☿	G
	07 48	☽∥♅	B
	08 32	☽☍♅	B
	12 20	♀∥♄	
	15 17	☽♎	
	19 51	☽□♇	B
2 Tu	05 55	☽⚼☿	b
	07 12	☽#♄	B
	08 16	☽#♀	G
	11 10	♀⊻♅	
	12 12	☽⚼♆	b
	12 44	☽⚼♃	b
	13 27	☽△☉	G
	15 54	♀⚹♆	
	18 59	☽⊻♄	g
	21 45	☽#♂	B
	23 39	♀⚹♃	
3 We	06 47	☽∥♆	D
	08 08	☽∥♃	G
	15 17	☽#☿	G
	16 05	☽△♆	G
	16 42	☽△♃	G
	18 00	☽☍♀	B
	19 37	☽⚼☉	b
	22 44	☽♏	
	23 05	☽∠♄	b
	23 56	♂⊥♅	
4 Th	03 19	☽☍♂	B
	03 23	☽⚹♇	G
	04 37	♂△♇	
	06 07	☽∥♇	D
	20 17	☽⚼♅	b
5 Fr	03 44	☽⚹♄	G
	08 00	☽∠♇	b
	14 25	☽#☉	G
	19 10	☉□♄	
	20 56	☽☍☿	B
6 Sa	01 18	☽△♅	G
	01 29	☽□♆	B
	02 18	☽□♃	B
	08 24	☽♐	
	09 07	♀♉	
	13 07	☽⊻♇	g
	16 01	♀⚼♄	
7 Su	14 36	☽□♄	B
	16 29	☽⚼♀	b
	18 12	☽☍☉	B
8 Mo	00 34	☽⚼♂	b
	12 47	☽□♅	B
	12 51	☽⚹♆	G
	13 51	☽⚹♃	G
	19 23	♀△♇	
	20 00	☽♑	
	20 57	♀⊥♅	
9 Tu	00 44	☽☌♇	D
	01 13	☽△♀	G
	08 44	☽△♂	G
	18 10	☿±♇	
	18 57	☽⚼☿	b
	19 07	☽∠♆	b
	20 11	☽∠♃	b
	21 46	☿⚹♅	
	21 53	☿□♆	
10 We	01 44	♅⊻♆	
	03 10	☽△♄	G
	11 18	☽#☉	G
	12 49	♂#♆	
	15 34	☿□♃	
11 Th	01 37	☽⊻♆	g
	01 39	☽⚹♅	G
	02 44	☽⊻♃	g
	03 31	☽△☿	G
	08 52	☽♒	
	09 49	☽⚼♄	b
	11 15	♂#♃	
	13 32	☽⊻♇	g
	19 44	☽□♀	B
	21 13	☽⚼☉	b
12 Fr	01 03	☽∥♇	D
	01 48	☽□♂	B
	05 26	♂Q♆	
	08 13	☽∠♅	b
	09 09	☽#☿	G
	19 55	☽∠♇	b
	22 55	☽#♂	B
13 Sa	00 26	♂Q♃	
	00 48	☽∥♃	G
	01 57	☽∥♆	D
	06 16	☽△☉	G
	10 38	☽#♀	G
	14 22	☽☌♆	D
	14 32	☽⊻♅	g
	15 34	☽☌♃	G
	21 04	☽□☿	B
	21 32	☽♓	
14 Su	01 58	☽⚹♇	G
	02 47	☿♊	
	04 24	☽#♄	B
	13 34	☽⚹♀	G
	17 53	☽⚹♂	G
	21 10	♀Q♆	
15 Mo	04 21	☽☍♄	B
	05 09	☽∥♅	B
	07 48	♃Stat	
	11 41	♀Q♃	
	21 17	☽∠♀	b
	22 15	☽□☉	B
	23 09	☽#♅	B
16 Tu	00 43	☽∠♂	b
	01 02	☽⊻♆	g
	01 17	☽☌♅	B
	02 13	☽⊻♃	g
	04 48	☿∇♇	
	07 52	☽♈	
	10 48	♂∠♅	
	11 55	☽□♇	B
	12 37	☽⚹☿	G
	19 53	☿#♇	
	22 38	☽∥♄	B
17 We	03 48	☽⊻♀	g
	05 01	☽∠♆	b
	06 10	☽∠♃	b
	06 23	☽⊻♂	g
	10 45	☉△♆	
	14 56	☉□♅	
	18 50	☽∠☿	b

	21 14	☽∥♀	G		17 22	☽∥♀	G		07 18	☽□♃	B
	23 07	☽♃Ψ	D		17 25	☽⚹☿	G		07 19	☽◲◉	b
	23 11	♀∠♅			19 03	☽⚺h	g		07 32	☽△♅	G
18	00 10	☽♃♃	G		20 10	☽♀	b		10 03	☽♂♀	B
Th	02 29	◉△♃			22 41	☽□♂	B		14 11	☽✓	
	07 38	☽∥♂	B	26	00 01	☽♃♃	G		17 34	☽⚺♇	g
	07 58	☽⚹♀	G	Fr	00 30	☽∠◉	b		19 20	☿☽	
	08 17	☽⚺♅	g		01 13	☽□♀	B		21 12	☿⊥♂	
	09 05	☽⚹♃	G		01 13	☽♃Ψ	D	4	21 49	☽♂♇	
	09 35	☽⚹◉	G		08 32	☿□h		Sa	23 43	☽□h	B
	14 20	☽☿			11 34	☽♂Ψ	B	5	08 23	♀∐	
	15 45	☽□h	b		12 28	☽♂♃	B	Su	18 17	☽⚹Ψ	G
	18 00	☽△♇	G		17 47	☽♍			18 46	☽⚹♃	G
	20 52	☽♃♇	D	27	20 57	☽△♇	G		19 17	☽□♅	B
	23 51	☽⚺♀	g	Sa	00 36	☽∥h	B		20 39	♀♃♇	
19	01 00	☽∥☿	G		20 57	☽♃♅	B	6	23 54	♂∥♀	
Fr	06 52	♀♃Ψ			21 34	☽♂h	B	Mo	02 07	☽♈	
	10 16	☽∠♅	b		02 33	☽□♀	B		05 28	☽♂♃	D
	13 00	☽♂♀	D	28	02 33	☽□♀	B		05 41	☿♃h	
	13 22	☽∠◉	b	Su	03 56	☽△♂	B		13 35	☽♂♀	B
	14 07	☽♂♂	B		08 05	☽△♀	G		14 43	♂□Ψ	
	17 33	☽△h	G		12 59	☽∥♅	B		20 26	☽♃♇	
	19 35	☽□♇	b		15 26	☽♂♅	B		20 48	♂□♃	
20	02 23	♀♃♃			19 48	☿∠♂		7	00 36	☽∠Ψ	b
Sa	07 22	☽∥◉	G		21 24	☽♎		Tu	00 58	☽∠♃	b
	11 00	☽□Ψ	B	29	00 41	☽□♇	B		01 15	☽□♂	b
	11 23	☽⚹♅	B	Mo	07 56	☽□♂	b		07 48	♂⚹♅	
	12 02	☽□♃	B		10 01	☽♃h	B		09 21	☽♂◉	B
	16 07	☽⚺◉	g		11 28	☽□◉	B		09 43	☽♃♀	G
	17 00	☽∐			13 02	☽□♀	b		12 46	☽△h	G
21	05 45	◉⚹♅			17 33	☽□Ψ	b		13 27	☽□♀	b
Su	06 52	☽♂♂	G		18 24	☽□♃	b		21 54	☽♃◉	G
	07 56	☿♃♅		30	03 15	☽⚺h	g	8	04 58	☿⊥♀	
	09 30	◉∠♂		Tu	12 17	☽∥Ψ	D	We	07 04	☽⚺Ψ	g
	13 09	♀♂♂			13 56	☽∥♃	G		07 17	☽⚺♃	g
	17 57	☽⚺♂	g		17 02	☽△♇	G		08 09	☽⚹♅	G
	18 03	☽⚹♀	G		21 11	☽△Ψ	G		09 43	☽△♂	G
	18 52	☽□h	B		21 59	☽△♃	G		15 03	☽♒	
	20 24	☽∠♀			**JULY**				18 18	☽⚹♇	g
22	06 30	♀△h		1	01 03	♃⚺♅			19 30	☽□h	b
Mo	11 22	☽△Ψ	G	We	04 19	☽♍			22 07	☽♃♂	B
	11 47	☽□♅	B		04 56	☽♃♀	G	9	23 06	☽△♀	G
	12 20	☽△♃	G		05 41	♂♃♅		Th	02 00	☽♃♀	G
	14 44	♂△h			07 20	☽∠h	b		02 37	♀□Ψ	
	17 12	☽♃◉			07 38	♅Stat			03 23	☽∠♃	b
	19 03	☽∠♂	b		07 40	☽⚹♇	G		06 32	☽∥♇	D
	19 35	☽♂◉	D		10 56	♀⊥♇			07 09	◉⚹h	
	19 43	☽∠♀	b		11 20	☽∥♇	D	10	14 37	☽∠♅	b
	20 22	☽♂♇	B		11 35	☽♃◉	B	Fr	04 19	☽∥♃	D
23	04 49	♀□♇			20 01	☽♂◉	B		07 01	☽∥Ψ	D
Tu	07 42	◉♂♂			20 48	☿△♅			08 54	☽∠♂	b
	11 07	☽□Ψ	B		21 49	☽⚺♀			09 13	♃♂♃	
	11 46	☽⚺♀	g		23 48	☽△♂	G		19 42	☽♂♃	D
	12 04	☽□♃	b	2	01 26	◉∥☿			19 45	☽♂Ψ	D
	18 43	☽⚹h	G	Th	01 34	☽△♃			20 53	☽⚺♅	g
	20 01	☽⚹♂	G		02 13	☿♃♅		11	02 17	☽□♂	B
	21 12	☽∥◉	G		02 25	☽□♅	b	Sa	03 44	☽♀	
	21 16	☽⚹♀	G		02 27	☽♃♀	b		04 51	☽□♀	b
	21 39	♂□♇			04 24	♀□♃			06 48	☽⚹♇	B
24	11 24	☽△h	G		05 42	♀⚹♅			12 23	☽□◉	b
We	14 19	☽∠♀	b		12 12	☽⚹h	G		13 49	☽♃h	B
	14 37	☽∥◉	G		12 18	☽∠♇	b		17 44	☽□♀	B
	16 50	☽♏			22 24	☽♃◉			21 55	☽⚺h	b
	18 42	☽♃h	b		22 43	◉□Ψ		12	02 26	◉±♃	
	22 29	☽⚺♀	g					Su	02 56	♂∥	
25	05 20	☽♃♇	D	3	01 34	☽♃♀	B		04 55	◉±Ψ	
Th	10 39	☽∥♂	B	Fr	01 34	☽♂♂	B		11 14	☽∥♅	B
	11 32	☽□♅	b		06 38	☽□Ψ	B		14 25	☽♂h	b
	15 59	◉♃h			07 09	◉□♃					

	16 58	☽△♇	G		08 15	◉∥♀	
	20 30	☽△◉	G		12 13	☽⚺♀	g
13	03 06	♀♃♅			13 16	☽⚺♀	g
Mo	04 05	☿±♃			14 53	♀∥♀	
	05 26	☽♃♅	B		19 57	☽□♃	b
	05 55	☿±Ψ			21 05	☽□♀	b
	06 34	☽⚺♃	g		22 19	◉∥♀	
	06 54	☽⚺Ψ	g		23 32	☿⚹♂	
	08 03	☽♂♅	B	21	08 07	☽⚺♀	g
	14 40	☽♈		Tu	08 57	☽⚹h	G
	16 47	☽⚹♂	G		12 45	☿±♇	
	17 29	☽□♇	B		14 12	☽∠♂	b
14	01 49	☽∥h	B		20 05	♀□h	
Tu	04 52	♂▽♇			21 51	☽∥♂	B
	09 38	☽⚹♀			22 48	☽∥♂	B
	10 58	☽∠♃	b	22	02 35	☽•●	D
	11 27	☽∠Ψ	b	We	02 58	☽∥◉	G
	22 43	☽♃♇	D		03 28	☽♃	
15	07 12	☽♃Ψ	D		05 12	☽∥♀	G
We	09 53	☽□◉	B		08 49	☽∠h	b
	10 17	☽♃♃	B		09 45	☽∠♀	b
	13 18	☽□♃	B		15 04	☽⚹♂	G
	14 31	☽△♃	G		15 20	☽♃♇	D
	15 07	☽⚹Ψ	G		16 36	◉♀	
	15 59	☽∠♀	b		18 58	☽♂♀	G
	16 15	☽⚺♅	g		21 35	☽□♅	b
	20 39	☿▽♃		23	05 16	☽□♇	b
	22 30	☽♀		Th	06 45	☽♃♃	G
16	00 31	☿▽♃			08 49	☽⚺h	g
Th	01 05	☽△♇	G		10 22	☽♃Ψ	D
	03 32	☽□h	b		11 34	☽⚹♀	G
	03 34	☽⚺♂	g		15 03	☿□♅	
	05 11	☽♃♅	D		18 56	☽♂♃	B
	07 33	☿△♅			20 28	☽♂Ψ	B
	17 47	☽∥♀	g		23 47	◉▽♇	
	18 58	☽♃♅	b	24	03 23	☽♍	
	19 37	☽∥♂	B	Fr	04 57	♂♃♅	
	21 07	☽⚹♀	g		05 10	☿±h	
	21 45	☽∠♀			05 23	☽△♇	G
17	01 13	☽∥◉	G		05 47	☽⚹◉	g
Fr	03 27	☽□♇	b		13 27	☽∥h	B
	06 05	☽△h	G		17 44	☽□♂	B
	06 49	☽∥♀	G	25	02 52	☽⚹♀	G
	18 46	☽⚹◉	G	Sa	05 12	☽♃♅	B
	18 54	☽□Ψ	B		08 16	☽∠◉	b
	19 43	☽□Ψ	B		10 12	☽♂h	B
	20 33	◉▽♃			17 01	☽□♀	B
	23 07	♂♀			20 25	♀♃♇	
	23 07	☿♀			21 31	☽∥♅	B
18	02 41	☽∐			23 59	☽♂♃	B
Sa	03 18	☽∠h	G	26	03 02	☽♂♇	
	03 31	◉▽♅		Su	05 25	☽△	
	10 05	☽△♃	B		07 29	☽□♇	B
	14 49	☿▽♇			08 11	☽∠♀	b
	15 00	☽∥♃	b		11 42	☽⚹◉	G
19	00 36	◉△♅	B		13 37	☽♃h	B
Su	04 06	☽♂♀	G		16 16	◉∠h	
	08 14	☽∠♀	b		21 50	☽♃♀	b
	08 38	☽□h	B		23 24	☽△♂	G
	11 12	☽∠h			23 59	☽□♃	b
	16 18	◉∥♂		27	04 07	♀△♃	
	20 07	☽△♃	G	Mo	14 05	☽⚺h	
	21 08	☽△♃	G		14 41	☽♃♀	g
	22 12	☽□♅	B		14 47	☽⚹☿	G
	23 ♀♀	☽⚺◉	g		21 31	☽∥Ψ	D
20	03 51	☽♒		28	00 28	☽△♃	G
Mo	05 58	☽♂♇	B	Tu	00 53	☽∥♃	G
	06 46	☿∥♂			02 36	☽△♀	G

	02 53	☽△♆	G
	03 48	☽⚼♂	b
	05 52	♀△♆	
	09 02	☿±♅	
	09 37	☽#☿	G
	10 56	☽♏	
	13 03	☽✱♇	G
	18 05	☽∥♇	D
	18 23	☽∠♄	b
	20 38	♀□♅	
	22 00	☽□☉	B
	23 43	☽#☉	G
29 We	08 07	☽⚼♅	b
	09 16	☽⚼♀	b
	17 16	☽∠♇	b
	18 13	☽#♀	G
	20 15	☽#♂	B
	23 03	☽✱♄	G
30 Th	03 17	☉±♇	
	08 07	☽□☿	B
	08 30	☽□♃	B
	10 38	☿☍♃	
	11 30	☽□♆	B
	12 55	☽△♅	G
	20 10	☽♐	
	21 55	☿#♃	
	22 20	☽⊻♇	g
31 Fr	01 44	☿Q♂	
	07 47	☿☍♆	
	12 51	☽△☉	G
	17 49	☿▽♅	
	23 21	☽☍♂	B

AUGUST

1 Sa	01 28	♀♋	
	10 44	☽□♄	B
	13 45	☿#♆	
	19 27	☽✱♃	G
	21 32	☽⚼☉	b
	23 02	☽✱♆	G
	23 36	♀☍♇	
	23 44	☉#♇	
2 Su	00 31	☽□♅	B
	05 42	☽△☿	G
	08 08	☽♑	
	10 16	☽☌♇	D
	11 27	☽☍♀	B
	23 07	☿♍	
3 Mo	01 32	☽∠♃	b
	05 24	☽∠♆	b
	09 47	☉⚼♅	
	14 12	☿△♇	
	17 07	☽⚼☿	b
4 Tu	00 08	☽△♄	G
	04 26	☽#♂	B
	07 45	☽⊻♃	g
	08 35	☽#♀	G
	11 51	☽⊻♆	g
	13 21	☽✱♅	G
	21 08	☽♒	
	23 11	☽⊻♇	g
5 We	00 03	☽⚼♂	b
	06 54	☽⚼♄	b
	12 04	☽∥♇	D
	17 55	☽#☉	G
	19 42	☽∠♅	b
6 Th	00 55	☽☍☉	B
	04 51	☽∥♃	G
	05 29	☽∠♇	b
	05 49	☉⊥♄	
	08 12	☽△♂	G
	11 52	☽∥♆	D
	16 35	☽⚼♀	b
	19 47	☽☌♃	G
7 Fr	00 20	☽☌♆	D
	01 48	☽⊻♅	g
	07 25	☽#☿	G
	09 34	☽♓	
	11 30	☽✱♇	G
	22 34	♀⚼♃	
8 Sa	00 41	☽#♄	B
	01 35	☽☍☿	B
	01 39	☽△♀	G
	01 54	♀Q♄	
	03 52	☿✱♀	
	08 50	☉⚼♇	
	16 04	☽∥♅	B
	23 14	☽□♂	B
9 Su	01 27	☽☍♄	B
	06 26	☽⊻♃	g
	11 19	☽⊻♆	g
	12 11	☽#♅	B
	12 45	☽☌♅	B
	20 23	☽♈	
	22 10	☽□♇	B
	22 44	♀⚼♆	
10 Mo	01 19	☽⚼☉	b
	02 49	☽∥♄	B
	10 17	☽∥☿	G
	10 59	☽∠♃	b
	16 00	☽∠♆	b
	17 48	☽□♀	B
11 Tu	00 16	♂□♄	
	08 04	☽△☉	G
	11 44	☽✱♂	G
	14 32	☽#♆	D
	14 56	☽✱♃	G
	19 46	☉#♃	
	20 03	☽✱♆	G
	21 24	☽⊻♅	g
	21 56	☽∥☉	G
	22 05	☽#♃	G
12 We	02 55	☽⚼☿	b
	04 50	☽♉	
	06 28	☽△♇	G
	12 22	☽#♇	D
	12 58	☉±♅	
	15 06	☽⚼♄	b
	16 48	☽∠♂	b
13 Th	00 42	☽∠♅	b
	03 03	☿∥♄	
	06 31	☽✱♀	G
	07 44	☉⊻♄	
	09 15	☽△☿	G
	09 33	☽⚼♇	b
	11 18	☽∥♀	G
	16 30	♂△♃	
	18 13	☽△♄	G
	18 55	☽□☉	B
	20 45	☽□♃	B
	21 00	☽⊻♂	g
	21 30	☽∥♂	B
14 Fr	02 00	☽□♆	B
	03 17	☽✱♅	G
	10 25	☽♊	
	11 27	☽∠♀	b
	17 53	☉☍♃	
	20 59	♀±♃	
15 Sa	12 51	☉⊥♀	
	15 27	☽⊻♀	g
	18 40	☽□☿	B
	22 15	☽□♄	B
	23 46	☽△♃	G
16 Su	02 12	☽✱☉	G
	02 56	☽☌♂	B
	05 07	☽△♆	G
	06 19	☽□♅	B
	13 13	☽♋	
	14 35	☽☍♇	B
	16 16	☉#♆	
17 Mo	00 21	☽⚼♃	b
	04 41	☽∠☉	b
	05 47	☽⚼♆	b
	10 56	♀±♆	
	10 58	☉✱♂	
	15 14	☿☌♄	
	18 47	☽∥♂	B
	20 55	☉☍♆	
	21 12	☽☌♀	G
	21 37	☿#♅	
	23 51	☽✱♄	G
18 Tu	00 00	☿▽♃	
	00 33	☽✱☿	G
	01 28	♂△♆	
	06 14	☽⊻♂	g
	06 40	☽⊻☉	g
	07 09	☽△♅	G
	08 00	☽∥♀	G
	13 57	☽♌	
	14 03	☉▽♅	
19 We	00 08	☽∠♄	b
	01 26	☽#♇	D
	02 24	♂□♅	
	02 43	☽∠☿	b
	07 08	☽⚼♅	b
	07 22	☽∠♂	b
	10 11	♀✱♄	
	11 07	♀▽♃	
	12 30	☽#♃	G
	15 07	♃▽♄	
	15 13	☽⚼♇	b
	20 05	☽#♆	D
20 Th	00 10	☽☍♃	B
	00 19	☽⊻♄	g
	00 36	☽∥☉	G
	01 24	☽⊻♀	g
	04 44	☽⊻☿	g
	05 59	☽☍♆	B
	08 28	☽✱♂	G
	10 02	☽☌☉	D
	14 00	☽♍	
	15 16	☽△♇	G
	21 07	☿▽♆	
21 Fr	03 40	☽∠♀	b
	04 35	☽∥♄	B
	11 47	☿☍♅	
	14 30	☽#♅	B
	23 23	☽#☿	G
	23 50	☽∥☿	G
22 Sa	01 24	☽☌♄	B
	06 28	☽✱♀	G
	07 54	☽☍♅	B
	08 48	☽∥♅	B
	09 34	☽☌☿	G
	10 07	♀▽♆	
	11 44	☽□♂	B
	14 35	☽⊻☉	g
	15 12	☽♎	
	16 29	☽□♇	B
	18 34	☿±♃	
	18 41	☽#♄	B
	23 31	♀△♅	
	23 39	☉♍	
23 Su	01 19	☽⚼♃	b
	08 02	☽⚼♆	b
	18 04	☽∠☉	b
	18 20	☉△♇	
	19 29	☽#☉	G
24 Mo	03 00	☽△♃	G
	04 58	☽⊻♄	g
	06 12	☽∥♆	D
	10 09	☽△♆	G
	14 54	☽□♀	B
	15 35	☽∥♃	G
	17 25	☽⊻☿	g
	18 10	☽△♂	G
	19 16	☽♏	
	20 36	☽✱♇	G
	22 41	☽✱☉	G
25 Tu	03 15	☽∥♇	D
	08 10	☽∠♄	b
	14 27	☽⚼♅	b
	16 05	☽#♀	G
	17 15	♂♋	
	20 18	☿♎	
	22 57	☽∠☿	b
	23 03	☽⚼♂	b
26 We	00 08	☽∠♇	b
	03 57	☿□♂	
	09 14	☽□♃	B
	12 25	☽✱♄	G
	13 56	☿∥♅	
	16 09	☿□♇	
	16 12	♀♌	
	17 12	☽#♂	B
	17 21	☽□♆	B
	18 35	☽△♅	G
	19 10	☿±♆	
	20 34	♂☍♇	
27 Th	03 16	☽♐	
	04 27	☽△♀	G
	04 40	☽⊻♇	g
	05 35	☽✱☿	G
	06 43	♀▽♇	
	11 42	☽□☉	B
	18 24	♀⊻♂	
28 Fr	13 06	☽⚼♀	b
	13 26	☿✱♀	
	19 10	☽✱♃	G
	23 44	☽□♄	B
29 Sa	04 12	☽✱♆	G
	05 26	☽□♅	B
	14 44	☽♑	
	16 10	☽☌♇	D
	20 00	☽☍♂	B
	21 12	☽□☿	B
30 Su	01 07	☽∠♃	b
	04 51	☽△☉	G
	10 29	☽∠♆	b
31 Mo	00 36	☽#♂	B
	07 19	☽⊻♃	g
	12 05	☿#♄	
	13 12	☽△♄	G
	14 06	☽⚼☉	b
	16 56	☽⊻♆	g
	18 09	☽✱♅	G

SEPTEMBER

1 Tu	03 43	☽♒	
	05 07	☽⊻♇	g
	06 40	♀±♇	
	13 22	☽△☿	G
	13 46	☽#♀	G
	16 04	☿⚼♃	
	17 46	☽∥♇	D
	18 28	☽☍♀	B
	19 58	☽⚼♄	b
2 We	00 28	☽∠♅	b
	05 07	☽∥♃	G
	06 07	♂⚼♃	
	10 50	♀∠♄	
	11 24	☽∠♇	b
	17 02	☽∥♆	D
	19 26	☽☌♃	G
	20 17	☽⚼♂	b
	20 44	☽⚼☿	b
3 Th	05 19	☽☌♆	D
	06 26	☽⊻♅	g
	15 58	☽♓	
	16 19	☿□♂	
	17 18	☽✱♇	G
4 Fr	00 25	☽#☉	G
	00 55	♀#♇	
	03 39	☽△♂	G
	04 15	♀⚼♅	
	07 03	☽∥☿	G
	12 52	☽#♄	B
	16 03	☽☍☉	B
	20 45	☽∥♅	B
5 Sa	05 55	☽⊻♃	g
	13 46	☽☍♄	B
	15 52	☽⊻♆	g
	16 53	☽☌♅	B
	20 02	☽#♅	B
	20 54	☽⚼♀	b
6 Su	02 14	☽♈	
	03 22	☽∥♄	B
	03 31	☽□♇	B
	10 22	☽∠♃	b
	10 57	☽#☿	G
	11 45	☽∥☉	G
	14 00	☽☍☿	B
	16 25	☽□♂	B
	20 18	☽∠♆	b
	20 51	☉#☿	
7 Mo	04 14	☽△♀	G
	04 44	☿ Stat	
	04 50	♀⊥♂	
	14 17	☽✱♃	G
	21 45	☽#♆	D
8 Tu	00 12	☽✱♆	G
	01 07	☽⊻♅	g
	09 41	☽#♃	G
	10 18	☽♉	
	11 30	☽△♇	G
	12 05	☽∥♀	G
	12 05	☽⚼☉	b
	17 53	♀⚼♇	
	19 10	☽#♇	D
9 We	02 33	☽⚼♄	b
	02 38	☽✱♂	G
	04 27	☽∠♅	b
	14 43	☽⚼♇	b
	15 12	♃⊥♅	
	16 48	☽□♀	B

	17 25	☽△☉	G
	19 55	♀#♃	
	20 35	☽□♃	B
	22 24	♂⚼♆	
	23 57	☽⚼☿	b
10	05 44	☽△♄	G
Th	06 27	☽□♆	B
	06 51	☽∠♂	b
	06 59	☽∥♂	B
	07 17	☽✶♅	G
	16 17	☽♊	
	18 48	♀⊥♄	
11	01 42	☉⊻♀	
Fr	01 50	☽△☿	G
	07 54	♀☍♃	
	09 17	☉▽♃	
	09 49	♀±♅	
	10 30	☽⊻♂	g
	16 55	♇Stat	
12	00 58	☽△♃	G
Sa	02 16	☽□☉	B
	02 43	☽✶♀	G
	05 32	☿∠♀	
	09 03	☉∥♄	
	10 38	☽□♄	B
	10 46	☽△♆	G
	11 30	☽□♅	B
	20 20	☽♋	
	21 27	☽☍♇	B
	22 58	♄▽♆	
13	02 28	☽⚼♃	b
Su	03 41	☽□☿	B
	06 46	☽∠♀	b
	12 14	☽⚼♆	b
	16 10	☽●♂	B
14	01 14	♃±♄	
Mo	01 43	☽∥♂	B
	07 46	☿⚼♃	
	08 50	☽✶☉	G
	10 16	☽⊻♀	g
	13 41	☽✶♄	G
	13 57	☽△♅	G
	21 37	♂±♃	
	22 39	☽☊	
15	03 22	☽✶☿	G
Tu	06 52	♂Q♄	
	09 29	☽#♇	D
	11 28	☽∠☉	b
	12 51	♄☍♅	
	13 53	☉#♅	
	14 40	☽⚼♅	b
	14 42	☽∠♄	b
	17 09	☽#♃	G
	20 06	☽⊻♂	g
	21 37	♀☍♆	
16	00 27	☽⚼♇	b
We	02 38	☽∠☿	b
	03 32	☽∥♀	G
	04 24	☽#♆	D
	04 48	♀▽♅	
	04 50	☽☍♃	B
	07 13	♀⊻♄	
	13 50	☽⊻☉	g
	14 37	☽☍♆	B
	15 30	☽⊻♄	g
	16 11	☽☌♀	G
	16 29	♀#♆	
	18 27	☿⊥♀	
	21 43	☽∠♂	b

	23 56	☽♍	
17	00 41	☉±♃	
Th	01 01	☽△♇	G
	01 17	☉▽♆	
	01 42	☽⊻☿	g
	03 25	☿#♄	
	09 41	☉☍♅	
	11 46	☿□♇	
	18 22	☉☌♄	
	19 45	☽∥♄	B
	20 56	☿±♆	
	21 12	☽#☿	G
	23 12	☽#♅	B
	23 21	☽✶♂	G
18	03 02	☽∥☉	G
Fr	03 26	☿♍	
	16 06	☽#☉	G
	16 25	☽☍♅	B
	17 17	☽☌♄	B
	17 53	☿∥♅	
	18 44	☽☌☉	D
	20 33	☽∥☿	G
	20 50	☽∥♅	B
	22 06	☽⊻♀	g
	23 56	☽●☿	G
19	00 04	☽#♄	B
Sa	01 26	☽♎	
	02 34	☽□♇	B
	06 38	☽⚼♃	b
	10 35	☿⊻♀	
	16 59	☽⚼♆	b
20	01 47	☽∠♀	b
Su	03 45	☽□♂	B
	07 59	☽△♃	G
	08 20	☿Q♂	
	10 05	☉☌☿	
	11 00	☽#♀	G
	13 32	♀♍	
	17 22	☉Q♂	
	17 35	☽∥♆	D
	18 43	☽△♆	G
	20 45	☽⊻♄	g
	23 34	☽⊻☿	g
21	01 44	☽⊻☉	g
Mo	02 57	♀△♇	
	04 52	☽♏	
	06 04	☽✶♇	G
	06 15	☽∥♃	G
	06 23	☽✶♀	G
	14 07	☽∥♇	D
	19 10	♀∠♂	
	21 45	☽⚼♅	b
	23 39	☽∠♄	b
22	00 24	☽∠☿	b
Tu	06 43	☽∠☉	b
	09 04	☽∠♇	b
	09 08	☿☌♄	
	11 16	☽△♂	G
	13 03	☽□♃	B
	21 19	☉♎	
	22 10	☽#♂	B
23	00 17	☉∥☿	
We	00 45	☽□♆	B
	01 12	☽△♅	G
	01 24	☉±♆	
	02 06	☽✶☿	G
	03 33	☽✶♄	G
	08 55	☉#☿	
	11 43	☽♐	

	12 55	☽✶☉	G
	13 02	☽⊻♇	g
	14 22	☉□♇	
	15 36	☿☍♅	
	16 39	☽⚼♂	b
	19 14	☽□♀	B
	22 20	☿▽♆	
	23 50	♂▽♃	
24	10 17	☿±♃	
Th	15 07	♂±♆	
	21 55	☽✶♃	G
25	08 29	☽□☿	B
Fr	10 34	☽✶♆	G
	10 58	☽□♅	B
	14 15	☽□♄	B
	14 49	☉⚼♃	
	22 19	☽♑	
	23 44	☽☌♇	D
26	03 37	☽∠♃	b
Sa	04 50	☽□☉	B
	13 01	☽△♀	G
	16 38	☽∠♆	b
27	09 50	☽⊻♃	g
Su	14 24	☽☍♂	B
	14 38	☽#♂	B
	18 35	☽△☿	G
	22 59	☽⚼♀	b
	23 03	☽⊻♆	g
	23 21	☽✶♅	G
28	03 33	☽△♄	G
Mo	11 07	☽♒	
	12 36	☽⊻♇	g
	21 32	☿#♅	
	23 13	☽△☉	G
	23 33	☽∥♇	D
29	00 35	☽⚼☿	b
Tu	05 43	☽∠♅	b
	07 54	☽∥♃	G
	10 19	☽⚼♄	b
	12 18	☿∥♄	
	13 13	☿Stat	
	18 59	☽∠♇	b
	22 26	☽☌♃	G
	22 48	☽∥♆	D
30	08 08	☽⚼☉	b
We	11 34	☽☌♆	D
	11 46	☽⊻♅	g
	18 46	☉∥♅	
	23 26	☽♓	

OCTOBER

1	00 07	☉#♄	
Th	00 55	☽✶♇	G
	04 38	☽#♀	G
	06 00	☿✶♂	
	13 14	☽⚼♂	b
	23 34	☽#☿	G
2	00 04	☽∥☉	G
Fr	01 22	☉⚼♆	
	02 00	☽#♄	B
	02 04	☽∥♅	B
	03 08	☽☍♀	B
	07 57	♄#♅	
	08 12	☉#☿	
	09 17	☽⊻♃	g
	19 08	☽☍☿	B
	19 33	☽△♂	G
	21 57	☽⊻♆	g
	22 02	☽☌♅	B

3	03 29	☽☍♄	B
Sa	04 50	☽∥♄	B
	05 04	☽#♅	B
	07 31	☽∥☿	G
	09 17	☽#☉	G
	09 21	☽♈	
	10 49	☽□♇	B
	13 42	☽∠♃	b
	20 23	☽∥♀	G
4	01 21	☿±♃	
Su	02 06	☽∠♆	b
	06 10	☽☍☉	B
	11 37	☿✶♂	
	15 58	♀▽♃	
	17 27	☽✶♃	G
	20 57	☿▽♆	
	21 06	☿☍♅	
5	01 33	♂▽♆	
Mo	01 37	♂△♅	
	03 08	♅⊻♆	
	05 34	☽#♆	D
	05 35	☽⊻♅	g
	05 36	☽✶♆	G
	05 46	☽□♂	B
	16 33	☽♉	
	18 01	☽△♇	G
	19 17	☽#♃	G
	23 35	☽⚼♀	b
6	02 39	☽#♇	D
Tu	08 30	☽∠♅	b
	10 39	☿#♅	
	11 18	☽⚼☿	b
	14 36	☽⚼♄	b
	15 39	☉#♀	
	20 49	☽⚼♇	b
	23 18	☽□♃	B
7	02 54	☽∥♂	B
We	04 56	☽△♀	G
	09 46	☿∥♄	
	11 00	☽✶♅	G
	11 05	☽□♆	B
	13 31	☽✶♂	G
	16 10	☽△☿	G
	17 19	☽△♄	G
	21 19	☽⚼☉	b
	21 46	☽♊	
8	06 34	☿☌♄	
Th	16 46	☽∠♂	b
9	01 27	☽△☉	G
Fr	03 42	☽△♃	G
	10 45	♀±♃	
	14 23	☽□♀	B
	15 05	☽□♅	B
	15 15	☽△♆	G
	19 45	☽⊻♂	g
	21 53	☽□♄	B
	22 01	♀☍♅	
10	00 01	♀▽♆	
Sa	01 32	☿±♆	
	01 35	☽□☿	B
	01 48	☽♋	
	03 18	☽☍♇	B
	03 46	☿♎	
	05 33	☽⚼♃	b
	08 38	☉△♃	
	17 00	☽⚼♆	b
	18 44	☿□♇	
11	03 03	♀#♅	
Su	08 56	☽□☉	B

	15 58	☿⚼♃	
	18 03	☽∥♂	B
	18 20	☽△♅	G
	22 43	☽✶♀	G
12	01 03	☽●♂	B
Mo	01 37	☽✶♄	G
	02 24	☉Q♇	
	05 02	☽☊	
	08 51	♀∥♄	
	10 43	☽✶☿	G
	14 31	☽#♇	D
	19 44	☽⚼♅	b
	20 51	♂✶♄	
	21 29	☽#♃	G
13	02 35	☽∠♀	b
Tu	03 15	☽∠♄	b
	04 34	♃Stat	
	08 00	☽⚼♇	b
	10 06	☽☍♃	B
	10 09	☽#♆	D
	10 52	♀☌♄	
	15 12	☽∠☿	b
	15 37	☽✶☉	G
	18 31	♀✶♂	
	21 20	☽☍♆	B
14	04 47	☽⊻♄	g
We	05 42	☽⊻♂	g
	06 19	☽⊻♀	g
	07 45	☽♍	
	09 20	☽△♇	G
	10 08	☽#☉	G
	18 49	☽∠☉	b
	19 09	♀±♆	
	19 42	☽⊻☿	g
	22 46	♀♎	
15	05 18	☿#♀	
Th	05 46	☽#♅	B
	07 56	☽∠♂	b
	08 48	☽∥♄	B
	12 48	☽#☿	G
	14 18	☽∥♀	G
	17 21	♀□♇	
	20 58	☿⚼♆	
	21 57	☽#♀	G
	22 04	☽⊻☉	g
	23 33	☽☍♅	B
16	01 24	☽∥☿	G
Fr	03 56	☽#♄	B
	07 12	☽∥♅	B
	07 55	☽☌♄	B
	10 18	☽✶♂	G
	10 29	☽♎	
	12 09	☽□♇	B
	13 56	☽☌♀	G
	14 13	☽⚼♃	b
	15 32	♂☊	
	17 05	♀⚼♃	
	18 36	☉▽♅	
	23 14	☿#♄	
17	00 46	☉△♆	
Sa	01 30	☽⚼♆	b
	05 22	☽☌☿	G
	07 32	☽∥☉	G
	16 00	☽△♃	G
18	03 27	☽△♆	G
Su	04 01	☽∥♆	D
	05 33	☽☌☉	D
	06 25	☿∥♅	
	06 49	☿Q♂	

	12 09	☽⚺♄	g
	14 23	☽♏	
	16 10	☽□♂	B
	16 10	☽✱♇	G
	16 24	♂⚻♇	
	17 07	☽∥♃	G
	23 13	☽⚺♀	g
19	00 49	☽∥♇	D
Mo	05 24	☽⚼♅	b
	15 09	☽∠♄	b
	17 42	☽⚺☿	g
	18 06	☽#♂	B
	19 05	☽∠♇	b
	21 16	☽□♃	B
20	05 08	☽∠♀	b
Tu	08 36	☽△♅	G
	09 13	☽□♆	B
	15 58	☽⚺☉	g
	18 57	☽✱♄	G
	20 49	☽♐	
	21 49	☿△♃	
	22 48	☽⚺♇	g
21	00 53	☽△♂	G
We	01 34	☽∠☿	b
	12 11	☽✱♀	G
	22 45	☽∠☉	b
	23 23	☿Q♇	
	23 42	♀⚼♆	
22	05 46	☽✱♃	G
Th	06 34	♀#♄	
	06 39	☽⚼♂	b
	10 47	☽✱☿	G
	11 19	☉⚺♄	
	15 01	☉±♅	
	17 32	☽□♅	B
	18 18	☽✱♆	G
23	03 48	♃⊥♅	
Fr	05 14	☽□♄	B
	06 39	☽✱☉	G
	06 39	☽♑	
	06 43	☉♏	
	08 51	☽☌♇	D
	11 18	☽∠♃	b
24	00 04	☽∠♆	b
Sa	05 43	☽□♀	B
	09 57	☉✱♇	
	10 50	☿⚻♅	
	16 55	☿△♆	
	17 31	☽⚺♃	g
	17 55	♀∥♅	
25	05 27	☽✱♅	G
Su	06 22	☽⚺♆	g
	08 37	☽□☿	B
	13 45	☽#♂	B
	18 15	☽△♄	G
	19 08	☽♒	
	21 30	☽⚺♇	g
26	00 42	☽□☉	B
Mo	04 30	☽☍♂	B
	05 20	☽∥♇	D
	11 53	☽∠♅	b
	14 48	☽∥♃	G
27	01 01	☽⚼♄	b
Tu	01 46	☽△♀	G
	02 02	♄±♆	
	04 01	☽∠♇	b
	05 11	☽∥♆	D
	06 40	☽☌♃	G
	11 02	☽∥☉	G

	18 09	☽⚺♅	g
	19 10	☽☌♆	D
	22 40	☿±♅	
28	00 43	☽∥☿	G
We	07 22	☽△☿	G
	07 45	☽♓	
	07 59	☿⚺♄	
	10 09	☿♏	
	10 11	☽✱♇	G
	11 23	☽⚼♀	b
	18 37	☽△☉	G
	23 15	☽∥♀	G
29	02 02	♀△♃	
Th	03 53	☿✱♇	
	05 54	☉⊥♄	
	07 56	☉□♂	
	08 19	☽∥♅	B
	12 06	♀Q♂	
	15 18	☽#♄	B
	17 09	♄♎	
	17 29	☽⚼☿	b
	18 20	☽⚺♃	g
30	01 32	☽⚼♂	b
Fr	02 22	☽⚼☉	b
	04 56	☽☌♅	B
	06 00	☽⚺♆	g
	07 41	☽∥♄	B
	10 20	♀Q♇	
	14 41	☽#♅	B
	17 56	☽♈	
	18 09	☽☍♄	B
	19 32	☉∥♆	
	20 21	☽□♇	B
	23 00	☽∠♃	b
31	03 59	☽#♀	G
Sa	06 50	☽△♂	G
	09 46	☉⚼♅	
	10 10	☽∠♆	b

NOVEMBER

1	02 46	☽✱♃	G
Su	04 34	☿⊥♄	
	05 35	♂±♇	
	09 59	☽☍♀	B
	09 59	☽#☿	G
	12 23	☽⚺♅	g
	13 29	☽✱♆	G
	14 15	☽#♆	D
	17 12	☽#☉	G
2	00 45	☽♉	
Mo	00 50	☿□♂	
	02 23	☽#♃	G
	03 06	☽△♇	G
	06 47	☿⚼♅	
	11 12	♀⚻♅	
	11 28	☽#♇	D
	14 41	☽□♂	B
	14 57	☽∠♅	b
	16 05	☽☍☿	B
	19 14	☽☍☉	B
	19 48	☿∥♆	
	20 37	☽∥♂	B
	22 49	♂⚼♅	
	23 21	♀△♆	
3	03 53	☽⚼♄	b
Tu	05 25	☽⚼♇	b
	08 06	☽□♃	B
	16 56	☽✱♅	G
	18 04	☽□♆	B
4	04 53	☽♊	
We	05 53	☽△♄	G
	18 10	♆Stat	
	19 55	☽✱♂	G
	23 59	☽⚼♀	b
5	08 02	☉☌☿	
Th	11 33	☽△♃	G
	19 52	☽□♅	B
	21 04	☽△♆	G
	22 04	☽∠♂	b
6	00 16	☉∥☿	
Fr	03 47	☽△♀	G
	05 57	☽⚼☉	b
	07 01	☽⚼☿	b
	07 42	☽♋	
	09 04	☽□♄	B
	10 09	☽☍♇	B
	13 01	☽⚼♃	b
	16 41	☿∥♃	
	22 22	☽⚼♆	b
7	00 07	☽⚺♂	g
Sa	02 16	☿∠♄	
	04 24	♀±♅	
	07 09	☉∥♃	
	09 10	☽△☉	G
	11 09	☿∠♇	
	11 33	☽△☿	G
	22 26	☽△♅	G
8	00 23	♀♏	
Su	06 50	☉∠♄	
	10 23	☽♌	
	11 21	☽□♀	B
	11 54	☽∥♂	B
	12 07	☽✱♄	G
	14 42	☿□♃	
	17 59	☽#♇	D
	19 03	☉∠♇	
	20 39	♀⚺♄	
	21 11	☽#☿	G
	23 49	☽⚼♅	b
9	00 55	☽#☉	G
Mo	03 39	☽#♃	G
	04 21	☽☌♂	B
	05 34	♀✱♇	
	13 47	☽∠♄	b
	14 19	☽#♆	D
	14 29	☽⚼♇	b
	15 56	☽□☉	B
	17 41	☽☍♃	B
	20 57	☽□☿	B
10	00 49	☿∥♇	
Tu	02 43	☽☍♆	B
	03 07	☽#♀	G
	13 30	☽♍	
	15 37	☽⚺♄	g
	16 11	☽△♇	G
	18 41	☉□♃	
	19 31	☽✱♀	G
11	09 10	☽⚺♂	g
We	10 08	☽#♅	B
	11 38	☿△♅	
	17 09	☿#♂	
	18 46	☽∥♄	B
	23 29	☽✱☉	G
	23 58	☽∠♀	b
12	00 11	☿□♆	
Th	04 57	☽☍♅	B
	05 39	☽#♄	B
	07 13	☽✱☿	G

	11 52	☽∠♂	b
	14 27	☽∥♅	B
	17 22	☽♎	
	19 53	☽☌♄	B
	20 12	☽□♇	B
	23 52	☽⚼♃	b
13	03 41	☽∠☉	b
Fr	04 43	☽⚺♀	g
	05 36	☿⊥♇	
	08 37	☽⚼♆	b
	12 50	☽∠☿	b
	14 51	☽✱♂	G
14	01 11	♀⊥♄	
Sa	01 22	☉∥♇	
	02 28	☽△♃	G
	06 27	♀⚼♅	
	06 29	☽∥♀	G
	08 16	☽⚺☉	g
	11 10	☽△♆	G
	11 39	☽∥♆	D
	18 57	☽⚺☿	g
	22 03	☽∥♃	G
	22 24	☽♏	
15	01 22	☽⚺♄	g
Su	01 26	☽✱♇	G
	01 41	☉△♅	
	09 28	☽∥♇	D
	11 33	☽∥☉	G
	12 30	☽⚼♅	b
	12 49	☽#♂	B
	15 20	♄□♇	
	15 41	☽☌♀	G
	22 03	☽□♂	B
	23 11	☉□♆	
16	00 28	☿♐	
Mo	03 51	☽∥☿	G
	03 58	☉#♂	
	04 45	☽∠♇	b
	04 49	☽∠♄	b
	09 02	☽□♃	B
	15 57	☽△♅	G
	17 40	☽□♆	B
	19 14	☽☌☉	D
	20 54	♀∥♆	
17	03 29	☿⚺♇	
Tu	05 00	☿✱♄	
	05 22	☽♐	
	08 40	☽⚺♇	g
	08 52	☽✱♄	G
	09 22	☽☌☿	G
18	00 04	☉⊥♇	
We	05 38	☽⚺♀	g
	07 40	☽△♂	G
	18 10	☽✱♃	G
19	00 52	☽□♅	B
Th	02 46	☽✱♆	G
	08 22	♀□♂	
	09 29	☽⚺☉	g
	13 35	☽⚼♂	b
	14 02	☽∠♀	b
	15 01	☽♑	
	18 38	☽☌♇	D
	19 07	☽□♄	B
	23 50	☽∠♃	b
20	03 42	☽⚺☿	g
Fr	08 22	☽∠♆	b
	17 56	☽∠☉	b
	21 43	☿Q♃	
	23 12	☽∥☿	G

	23 21	☽✱♀	G
21	06 09	☽⚺♃	g
Sa	11 36	♀∠♇	
	12 28	☽✱♅	G
	12 54	♀∥♃	
	14 16	☽∠☿	b
	14 32	☽⚺♆	g
	18 35	♀∠♄	
	22 50	☽∥☉	G
22	03 04	☽✱☉	G
Su	03 11	☽♒	
	04 23	☉♐	
	07 04	☽⚺♇	g
	07 51	☽△♄	G
	10 30	☽#♂	B
	11 18	☽∥♇	D
	18 56	☽∠♅	b
	22 35	☽∥♀	G
23	01 20	☽✱☿	G
Mo	02 02	☽∥♃	G
	10 39	☽☍♂	B
	12 09	☽∥♆	D
	13 42	☽∠♇	b
	14 37	☽⚼♄	b
	15 34	☿Q♆	
	19 31	☽□♀	B
	19 45	☽☌♃	G
	22 02	♀□♃	
24	01 26	☽⚺♅	g
Tu	03 15	☉⚺♇	
	03 36	☽☌♆	D
	15 35	☉✱♄	
	16 07	☽♓	
	17 54	♂#♇	
	20 08	☽✱♇	G
	21 39	☽□☉	B
25	10 59	☿Q♄	
We	15 19	☽∥♅	B
	22 38	☽□☿	B
26	03 00	♀△♅	
Th	03 30	☽#♄	B
	08 22	☽⚺♃	g
	11 42	☽∥♄	B
	13 08	☽☌♅	B
	14 17	☽△♀	G
	14 53	☿△♂	
	15 17	☽⚺♆	g
	23 43	☽#♅	B
27	00 15	♀□♆	
Fr	03 11	☽♈	
	06 02	☽⚼♂	b
	07 08	☽□♇	B
	08 20	☽☍♄	B
	13 29	☽∠♃	b
	13 31	☽△☉	G
	18 32	♀#♂	
	19 55	☽∠♆	b
	22 01	☽⚼♀	b
28	02 27	♂±♅	
Sa	05 07	♀∥♇	
	10 40	☽△♂	G
	15 27	☽△☿	G
	17 37	☽✱♃	G
	19 39	☽⚼☉	b
	20 08	♀⊥♇	
	21 28	☽⚺♅	g
	23 12	☽#♆	D
	23 33	☽✱♆	G
29	06 56	☽#♃	G

Su	10 34	☽♉	
	11 54	☿⚹♃	
	14 24	☽△♇	G
	20 04	☽‖♂	B
	21 20	☽#♇	D
	21 44	☽⚼☿	b
30	00 05	♂⚼♇	
Mo	00 11	☽∠♅	b
	00 38	☽#♀	G
	16 38	☽⚼♇	b
	16 52	☽□♂	B
	17 58	☽⚼♄	b
	18 51	☽#☉	G
	19 52	☿□♅	
	22 59	☽□♃	B
	23 41	☉Q♃	

DECEMBER

1	02 03	☽⚹♅	G
Tu	04 04	☽□♆	B
	13 39	☽☍♀	B
	14 23	☽♊	
	14 52	☿⚹♆	
	19 30	☽△♄	G
	20 26	♅Stat	
	22 04	♀♐	
2	07 30	☽☍☉	B
We	12 19	☽#☿	G
	19 58	☽⚹♂	G
3	01 36	☽△♃	G
Th	04 03	☽□♅	B
	06 03	☽△♆	G
	08 34	☽#☿	G
	10 28	☽☍☿	B
	16 01	☽♋	
	17 53	♀⊻♇	
	19 46	☽☍♇	B
	20 54	☽∠♂	b
	21 14	☽□♄	B
	23 18	☉Q♆	
4	02 25	☽⚼♃	b
Fr	06 37	☽⚼♆	b
	11 45	♀⚹♄	
	21 45	☽⊻♂	g
	22 45	☽⚼♀	b
	22 53	☽#☉	G
5	05 09	☽△♅	G
Sa	11 14	☽#♀	G
	12 19	♂∠♄	
	14 49	☽⚼☉	b
	17 07	☽♌	
	17 24	☿♑	
	22 36	☽⚹♄	G
	23 09	☽#♇	D
6	01 16	☽‖♂	B
Su	01 43	☽△♀	G
	05 50	☽⚼♅	b
	14 13	☽#♃	G
	17 29	☽△☉	G
	19 51	☽#♆	D
	20 42	☽⚼☿	b
	21 56	☽⚼♇	b
	23 35	☽∠♄	b
	23 51	☽☌♂	B
7	05 22	☽☍♃	B
Mo	08 58	☽☍♆	B
	09 12	☿☌♇	
	09 55	☉Q♄	
	19 05	☽♍	
	23 14	☽△♇	G
8	00 47	☽△☿	G
Tu	00 58	☽⊻♄	g
	02 35	☿□♄	
	07 24	☿⚼♂	
	08 53	☽□♀	B
	14 34	☽#♅	B
9	00 13	☽□☉	B
We	02 27	☽‖♄	B
	03 23	☽⊻♂	g
	07 13	☽#♄	B
	10 04	☽☍♅	B
	19 16	☽‖♅	B
	22 47	☽♎	
10	03 01	♀Q♃	
Th	03 13	☽□♇	B
	05 07	☽☌♄	B
	05 52	☽∠♂	b
	10 46	☽□☿	B
	11 49	☽⚼♃	b
	14 47	☽⚼♆	b
	18 29	☽⚹♀	G
	22 07	☿∠♃	
11	01 18	☉△♂	
Fr	08 52	☽⚹♂	G
	09 25	☽⚹☉	G
	12 23	♀Q♆	
	15 01	☽△♃	G
	16 23	☽‖♆	D
	17 44	☽△♆	G
	21 16	☽‖♃	G
12	00 19	☽∠♀	b
Sa	02 38	☿∠♆	
	04 31	☽♏	
	09 17	☽⚹♇	G
	11 21	☽⊻♄	g
	12 57	☽#♂	B
	15 01	☽∠☉	b
	15 34	☽‖♇	D
	17 19	♃⊻♅	
	18 46	☽⚼♅	b
	23 22	☽⚹☿	G
13	06 53	☽⊻♀	g
Su	08 45	☿Q♅	
	13 07	☽∠♇	b
	15 17	☽∠♄	b
	16 24	☽□♂	B
	18 48	☽‖♀	G
	21 18	☽⊻☉	g
	22 44	☽△♅	G
	23 07	☽□♃	B
14	01 18	☽□♆	B
Mo	02 47	☽‖☉	G
	06 38	☽∠☿	b
	12 16	♀Q♄	
	12 25	☽♐	
	15 27	☉□♅	
	17 31	☽⊻♇	g
	19 46	☽⚹♄	G
	23 06	☽‖☿	G
15	00 17	☉⚹♃	
Tu	12 56	☿±♂	
	14 31	☽⊻☿	g
	22 17	☽☌♀	G
16	00 17	☉⚹♆	
We	02 04	☽△♂	G
	08 22	☽□♅	B
	09 32	☽⚹♃	G
	11 05	☽⚹♆	G
	12 02	☽☌☉	D
	22 32	☽♑	
17	04 00	☽☌♇	D
Th	06 24	☽□♄	B
	07 41	☽⚼♂	b
	12 39	♀△♂	
	15 17	☽‖☿	G
	15 37	☽∠♃	b
	16 47	☽∠♆	b
18	02 01	☽‖☉	G
Fr	05 55	☽‖♀	G
	07 52	☽☌☿	G
	16 39	☽⊻♀	g
	20 08	☽⚹♅	G
	22 11	☽⊻♃	g
	22 58	☽⊻♆	g
19	05 27	☽⊻☉	g
Sa	10 39	☽♒	
	12 39	☿⊥♃	
	16 27	☽⊻♇	g
	17 38	☽‖♇	D
	18 58	☽△♄	G
	19 33	☽#♂	B
	20 16	☿⊥♆	
20	01 52	♀□♅	
Su	02 35	☽∠♅	b
	02 41	☽∠♀	b
	13 26	♂Stat	
	14 50	☽∠☉	b
	16 49	☽‖♃	G
	19 44	☽‖♆	D
	21 35	☉‖☿	
	23 06	☽∠♇	b
21	01 37	☽⚼♄	b
Mo	02 01	☽⊻☿	g
	02 44	☽☍♂	B
	04 53	♀⚹♃	
	05 24	♀⚹♆	
	06 12	☿‖♀	
	08 50	♃☌♆	
	09 12	☽⊻♅	g
	12 06	☽☌♆	D
	12 09	☽☌♃	G
	12 33	☿▽♂	
	12 54	☽⚹♀	G
	17 47	☉♑	
	23 42	☽♓	
22	00 16	☽⚹☉	G
Tu	05 42	☽⚹♇	G
	10 31	☽∠☿	b
	11 23	☉‖♀	
	22 51	☽‖♅	B
23	13 20	☽#♄	B
We	16 46	☽‖♄	B
	18 06	☽⚹☿	G
	21 43	☽☌♅	B
24	00 35	☽⊻♆	g
Th	01 27	☽⊻♃	g
	07 02	☽#♅	B
	08 09	☽□♀	B
	11 39	☽♈	
	17 32	☉☌♇	
	17 36	☽□♇	B
	17 36	☽□☉	B
	20 01	☽☍♄	B
	20 33	☽⚼♂	b
25	05 51	☽∠♆	b
Fr	07 05	☽∠♃	b
	18 17	♀♑	
	23 05	♂#♇	
	23 58	☉□♄	
26	01 00	☽△♂	G
Sa	03 31	☉⚼♂	
	05 16	☽□☿	B
	07 15	☽#♆	D
	07 28	☽⊻♅	g
	08 20	☽#♃	G
	10 11	☽⚹♆	G
	11 44	☽⚹♃	G
	14 37	☿Stat	
	20 26	☽♉	
	23 12	☽△♀	G
27	02 08	☽△♇	G
Su	06 40	☽△☉	G
	07 07	☽#♇	D
	07 38	☽‖♂	B
	09 51	♂∠♄	
	10 52	☽∠♅	b
28	01 57	☽#☿	G
Mo	04 40	☽⚼♀	b
	04 52	☽⚼♇	b
	06 49	♀☌♇	
	06 50	☽□♂	B
	07 01	☽⚼♄	b
	10 36	☽△☿	G
	11 16	☽⚼☉	b
	13 15	☽⚹♅	G
	15 48	☽□♆	B
	16 30	☽#☉	G
	17 54	☽□♃	B
	20 31	☽#♀	G
29	01 13	☽♊	
Tu	02 31	♀⚼♂	
	06 55	♀□♄	
	08 43	☽△♄	G
	11 21	☽⚼☿	b
30	02 23	♃‖♆	
We	08 58	☽⚹♂	G
	15 30	☽□♅	B
	17 55	☽△♆	G
	18 40	☿⊥♃	
	20 29	☽△♃	G
31	02 45	☽♋	
Th	02 55	☉∠♆	
	08 03	☽☍♇	B
	09 03	☽∠♂	b
	09 59	☽□♄	B
	14 35	☽☍♀	B
	18 08	☽⚼♆	b
	19 13	☽☍☉	B
	20 57	☽⚼♃	b
	22 46	☽#♀	G

DISTANCES APART OF ALL ☌s AND ☍s IN 2009

Note: The Distances Apart are in Declination

JANUARY

2	13 41	☽ ☌ ♅	3 47
2	18 23	☽ ☍ ♄	5 08
9	20 43	☽ ☍ ♇	8 55
10	11 04	☽ ☍ ♂	1 45
11	03 27	☽ ☍ ☉	1 38
11	19 59	☽ ☍ ♃	0 17
12	06 03	☽ ☍ ☿	1 04
13	06 38	☽ ☍ ♆	1 30
14	14 20	☽ ☍ ♀	3 00
15	04 16	☽ ☍ ♅	3 50
15	07 32	☽ ☌ ♄	5 13
18	19 07	☿ ☌ ♃	3 13
20	15 59	☉ ☌ ☿	3 09
23	01 01	♀ ☌ ♅	1 07
23	10 26	☽ ☌ ♇	8 53
24	05 44	☉ ☌ ♃	0 26
24	08 15	♀ ☍ ♄	2 34
25	02 35	☽ • ♂	0 41
25	09 08	☽ ☌ ☿	4 45
26	04 36	☽ • ♃	0 02
26	07 55	☽ • ●	0 15
27	06 11	☿ ☌ ♂	4 16
27	17 12	☽ ☌ ♆	1 33
29	21 15	☽ ☌ ♅	3 53
29	22 31	☽ ☍ ♄	5 15
30	09 24	☽ ☌ ♀	2 19

FEBRUARY

5	10 56	♄ ☍ ♅	1 21
6	08 06	☽ ☍ ♇	8 51
7	19 07	☽ ☍ ☿	2 51
8	09 23	☽ ☍ ♂	0 23
8	17 43	☽ ☍ ♃	0 20
9	14 49	☽ ☍ ☉	1 01
9	19 29	☽ ☍ ♆	1 36
11	15 43	☽ ☌ ♄	5 14
11	16 56	☽ ☍ ♅	3 54
12	12 41	☉ ☌ ♆	0 20
12	21 28	☽ ☍ ♀	1 01
17	16 27	♂ ☌ ♃	0 32
19	19 06	☽ ☌ ♇	8 49
22	21 33	☽ • ☿	0 57
23	00 37	☽ • ♃	0 39
23	06 48	☽ ☌ ♂	1 29
24	02 08	☽ ☌ ♆	1 38
24	06 53	☿ ☌ ♃	0 36
25	01 35	☽ ☌ ☉	2 14
26	01 26	☽ ☍ ♄	5 10
26	06 09	☽ ☌ ♅	3 55
27	23 57	☽ • ♀	1 04

MARCH

2	03 05	☿ ☌ ♂	0 34
5	09 40	☿ ☌ ♆	1 29
5	16 17	☽ ☍ ♇	8 45
8	12 50	♂ ☌ ♆	0 43
8	13 20	☽ ☍ ♃	0 59
8	19 53	☉ ☍ ♄	2 05
9	06 56	☽ ☍ ♆	1 42
9	07 56	☽ ☍ ♂	2 28
9	18 11	☽ ☍ ☿	3 53
10	22 26	☽ ☌ ♄	5 07
11	02 38	☽ ☍ ☉	3 11
11	05 48	☽ ☍ ♅	3 57
12	20 36	☽ ☍ ♀	2 53
13	01 27	☉ ☌ ♅	0 40
19	03 52	☽ ☌ ♇	8 40
19	04 00	☿ ☍ ♄	0 07
22	05 02	☿ ☌ ♅	1 10
22	20 33	☽ ☌ ♃	1 19
23	12 09	☽ ☌ ♆	1 47
24	11 02	☽ ☌ ♂	3 24
25	05 24	☽ ☍ ♄	5 04
25	16 53	☽ ☌ ♅	4 00
26	06 37	☽ ☌ ☿	5 16
26	16 06	☽ ☌ ☉	3 58
26	19 15	☽ ☌ ♀	3 31
27	19 24	☉ ☌ ♀	7 29
29	02 31	☿ ☌ ♀	8 38
31	03 29	☉ ☌ ☿	1 01

APRIL

1	22 06	☽ ☍ ♇	8 34
5	00 55	♂ ☍ ♄	1 00
5	05 35	☽ ☍ ♃	1 39
5	15 39	☽ ☍ ♆	1 53
7	03 11	☽ ☌ ♄	5 03
7	06 27	☽ ☍ ♂	4 09
7	16 52	☽ ☍ ♅	4 05
8	05 15	☽ ☍ ♀	2 03
9	14 56	☽ ☍ ☉	4 27
10	12 51	☽ ☍ ☿	4 04
15	10 00	♂ ☌ ♅	0 24
15	12 04	☽ ☌ ♇	8 27
19	14 53	☽ ☌ ♃	2 00
19	22 16	☽ ☌ ♆	2 02
21	11 23	☽ ☍ ♄	5 04
21	23 19	♀ ☌ ♂	4 03
22	04 38	☽ ☌ ♅	4 11
22	13 29	☽ • ♀	0 53
22	14 10	☽ ☌ ♂	4 49
25	03 23	☽ ☌ ☉	4 43
26	15 42	☽ ☌ ☿	1 50
29	03 52	☽ ☍ ♇	8 22

MAY

2	18 24	☽ ☍ ♃	2 17
2	22 08	☽ ☍ ♆	2 09
4	07 08	☽ ☌ ♄	5 05
5	01 31	☽ ☍ ♅	4 17
5	18 20	☽ ☍ ♀	3 25
6	04 54	☽ ☍ ♂	5 16
9	04 01	☽ ☍ ☉	4 39
10	04 30	☽ ☍ ☿	3 02
12	19 05	☽ ☌ ♇	8 18
17	05 47	☽ ☌ ♃	2 35
17	07 15	☽ ☌ ♆	2 18
18	10 02	☉ ☌ ☿	0 55
18	19 13	☽ ☍ ♄	5 10
19	15 56	☽ ☌ ♅	4 26
21	03 23	☽ ☌ ♀	5 40
21	15 22	☽ ☌ ♂	5 35
23	21 47	☽ ☌ ☿	6 53
24	12 11	☽ ☌ ☉	4 15
26	11 16	☽ ☍ ♇	8 16
27	20 06	♃ ☌ ♆	0 22
30	04 14	☽ ☍ ♆	2 24
30	04 27	☽ ☍ ♃	2 47
31	12 38	☽ ☌ ♄	5 14

JUNE

1	08 32	☽ ☍ ♅	4 32
3	18 00	☽ ☍ ♀	6 53
4	03 19	☽ ☍ ♂	5 41
5	20 56	☽ ☍ ☿	8 25
7	18 12	☽ ☍ ☉	3 33
9	00 44	☽ ☌ ♇	8 14
13	14 22	☽ ☌ ♆	2 30
13	15 34	☽ ☌ ♃	2 59
15	04 21	☽ ☍ ♄	5 19
16	01 17	☽ ☌ ♅	4 39
19	13 00	☽ ☌ ♀	7 27
19	14 07	☽ ☌ ♂	5 36
21	06 52	☽ ☌ ☿	6 28
21	13 09	♀ ☌ ♂	1 53
22	19 35	☽ ☌ ☉	2 32
22	20 22	☽ ☍ ♇	8 15
23	07 42	☉ ☍ ♇	5 46
26	11 34	☽ ☍ ♆	2 32
26	12 28	☽ ☍ ♃	3 04
27	21 34	☽ ☌ ♄	5 23
28	15 26	☽ ☍ ♅	4 43

JULY

3	01 34	☽ ☍ ♂	5 19
3	10 03	☽ ☍ ♀	7 09
4	15 29	☿ ☍ ♇	5 53
6	05 28	☽ ☌ ♇	8 15
6	13 35	☽ ☍ ☿	1 43
7	09 21	☽ ☍ ☉	1 20
10	09 13	♃ ☌ ♆	0 32
10	19 42	☽ ☌ ♃	3 05
10	19 45	☽ ☌ ♆	2 33
12	14 25	☽ ☍ ♄	5 27
13	08 03	☽ ☌ ♅	4 46
14	02 15	☉ ☌ ☿	1 28
18	10 05	☽ ☌ ♂	4 46
19	04 06	☽ ☌ ♀	5 55
20	05 58	☽ ☍ ♇	8 16
22	02 35	☽ • ●	0 04
22	18 58	☽ ☌ ☿	2 35
23	18 56	☽ ☍ ♃	3 03
23	20 28	☽ ☍ ♆	2 32
25	10 12	☽ ☌ ♄	5 30
25	23 14	☽ ☍ ♅	4 46
30	10 38	☿ ☍ ♃	0 20
31	07 47	☿ ☍ ♆	0 51
31	23 21	☽ ☍ ♂	4 06

AUGUST

1	23 36	♀ ☍ ♇	4 04
2	10 16	☽ ☌ ♇	8 14
2	11 27	☽ ☍ ♀	4 06
6	00 55	☽ ☍ ☉	1 11
6	19 47	☽ ☌ ♃	2 57
7	00 20	☽ ☌ ♆	2 30
8	01 35	☽ ☍ ☿	3 25
9	01 27	☽ ☍ ♄	5 32
9	12 45	☽ ☌ ♅	4 44
14	17 53	☉ ☍ ♃	1 01
16	02 56	☽ ☌ ♂	3 11
16	14 35	☽ ☍ ♇	8 10
17	15 14	☿ ☌ ♄	2 44
17	20 55	☉ ☍ ♆	0 24
17	21 12	☽ ☌ ♀	1 40
20	00 10	☽ ☍ ♃	2 50
20	05 59	☽ ☍ ♆	2 29
20	10 02	☽ ☌ ☉	2 16
21	11 47	☿ ☍ ♅	2 14
22	01 24	☽ ☌ ♄	5 35
22	07 54	☽ ☍ ♅	4 41
22	09 34	☽ ☌ ☿	2 22
26	20 34	♂ ☍ ♇	5 39
29	16 10	☽ ☌ ♇	8 04
29	20 00	☽ ☍ ♂	2 14

SEPTEMBER

1	18 28	☽ ☍ ♀	0 44
2	19 26	☽ ☌ ♃	2 43
3	05 19	☽ ☌ ♆	2 27
4	16 03	☽ ☍ ☉	3 14
5	13 46	☽ ☍ ♄	5 38
5	16 53	☽ ☌ ♅	4 38
6	14 00	☽ ☍ ☿	0 41
11	07 54	♀ ☍ ♃	0 32
12	21 27	☽ ☍ ♇	7 55
13	16 10	☽ • ♂	1 06
15	12 51	♄ ☍ ♅	1 04
15	21 37	♀ ☍ ♆	0 18
16	04 50	☽ ☍ ♃	2 40
16	14 37	☽ ☍ ♆	2 28
16	16 11	☽ ☌ ♀	2 52
17	09 41	☉ ☍ ♅	0 44
17	18 22	☉ ☌ ♄	1 49
18	16 25	☽ ☍ ♅	4 36
18	17 17	☽ ☌ ♄	5 42
18	18 44	☽ ☌ ☉	3 56
18	23 56	☽ • ☿	0 59
20	10 05	☉ ☌ ☿	2 45
22	09 08	☿ ☌ ♄	4 03
23	15 36	☿ ☍ ♅	2 36
25	23 44	☽ ☌ ♇	7 45
27	14 24	☽ ☍ ♂	0 02
29	22 26	☽ ☌ ♃	2 39
30	11 34	☽ ☌ ♆	2 31

OCTOBER

2	03 08	☽ ☍ ♀	4 34
2	19 08	☽ ☍ ☿	4 30
2	22 02	☽ ☌ ♅	4 35
3	03 29	☽ ☍ ♄	5 48
4	06 10	☽ ☍ ☉	4 26
4	21 06	☿ ☍ ♅	0 22
8	06 34	☿ ☌ ♄	0 17
9	22 01	♀ ☍ ♅	0 36
10	03 18	☽ ☍ ♇	7 32
12	01 03	☽ • ♂	1 05
13	10 06	☽ ☍ ♃	2 43
13	10 52	♀ ☌ ♄	0 28
13	21 20	☽ ☍ ♆	2 35
15	23 33	☽ ☍ ♅	4 37
16	07 55	☽ ☌ ♄	5 55
16	13 56	☽ ☌ ♀	5 36
17	05 22	☽ ☌ ☿	6 13
18	05 33	☽ ☌ ☉	4 39
23	08 51	☽ ☌ ♇	7 20
26	04 30	☽ ☍ ♂	2 09
27	06 40	☽ ☌ ♃	2 50
27	19 10	☽ ☌ ♆	2 42
30	04 56	☽ ☌ ♅	4 40
30	18 09	☽ ☍ ♄	6 04

Note: The Distances Apart are in Declination

NOVEMBER

d	h m		° '	d	h m		° '	d	h m		° '	d	h m		° '
1	09 59	☽☍♀	6 02	15	15 41	☽☌♀	5 47	2	07 30	☽☍☉	3 23	18	07 52	☽☌☿	1 21
2	16 05	☽☍☿	5 05	16	19 14	☽☌☉	4 11	3	10 28	☽☍☿	0 04	21	02 44	☽☍♂	5 32
2	19 14	☽☍☉	4 34	17	09 22	☽☌☿	2 46	3	19 46	☽☍♇	6 52	21	08 50	♃☌♆	0 30
5	08 02	☉☌☿	0 12	19	18 38	☽☌♇	6 59	6	23 51	☽☌♂	4 50	21	12 06	☽☌♆	3 07
6	10 09	☽☍♇	7 09	23	10 39	☽☍♂	4 03	7	05 22	☽☍♃	3 24	21	12 09	☽☌♃	3 37
9	04 21	☽☌♂	3 07	23	19 45	☽☌♃	3 12	7	08 58	☽☍♆	3 02	23	21 43	☽☌♅	4 58
9	17 41	☽☍♃	3 00	24	03 36	☽☌♆	2 56	7	09 12	☿☌♇	7 29	24	17 32	☉☌♇	5 06
10	02 43	☽☍♆	2 49	26	13 08	☽☌♅	4 50	9	10 04	☽☍♅	4 54	24	20 01	☽☍♄	6 42
12	04 57	☽☍♅	4 44	27	08 20	☽☌♄	6 25	10	05 07	☽☌♄	6 33	28	06 49	♀☌♄	5 24
12	19 53	☽☌♄	6 14	**DECEMBER**				15	22 17	☽☌♀	3 05	31	08 03	☽☍♇	6 43
				1	13 39	☽☍♀	4 43	16	12 02	☽☌☉	2 20	31	14 35	☽☍♀	0 50
								17	04 00	☽☌♇	6 47	31	19 13	☽☍☉	1 00

PHENOMENA IN 2009

d h	JANUARY
2 18	☽ Zero Dec.
4 14	☿ Gt.Elong. 19 ° E.
4 16	⊕ in perihelion
8 23	☿ Ω
9 06	☽ Max. Dec.27°N04'
10 11	☽ in Perigee
13 15	☿ in perihelion
14 21	♀ Gt.Elong. 47 ° E.
15 08	☽ Zero Dec.
18 16	♀ Ω
22 14	☽ Max. Dec.27°S05'
23 00	☽ in Apogee
26 08	● Annular eclipse
30 00	☽ Zero Dec.

d h	FEBRUARY
5 15	☽ Max. Dec.27°N05'
7 20	☽ in Perigee
11 18	☽ Zero Dec.
13 21	☿ Gt.Elong. 26 ° W.
16 06	☿ Ω
18 21	☽ Max. Dec.27°S03'
19 17	☽ in Apogee
21 14	♀ in perihelion
26 06	☽ Zero Dec.
26 15	☿ in aphelion
27 03	♅ in aphelion

d h	MARCH
4 22	☽ Max. Dec.26°N59'
7 15	☽ in Perigee
11 05	☽ Zero Dec.
18 05	☽ Max. Dec.26°S54'
19 13	☽ in Apogee
20 12	☉ enters ♈, Equinox
25 14	☽ Zero Dec.

d h	APRIL
1 03	☽ Max. Dec.26°N47'
2 02	☽ in Perigee
6 22	☿ Ω
7 13	☽ Zero Dec.
11 14	☿ in perihelion
14 13	☽ Max. Dec.26°S40'
16 09	☽ in Apogee
21 10	♂ in perihelion
21 23	☽ Zero Dec.
26 08	☿ Gt.Elong. 20 ° E.
28 06	☽ in Perigee
28 09	☽ Max. Dec.26°N34'

d h	MAY
4 18	☽ Zero Dec.
10 05	♀ ℧
11 20	☽ Max. Dec.26°S29'
14 03	☽ in Apogee
15 05	☿ ℧
19 07	☽ Zero Dec.
25 14	☿ in aphelion
25 17	☽ Max. Dec.26°N27'
26 04	☽ in Perigee
31 23	☽ Zero Dec.

d h	JUNE
5 20	♀ Gt.Elong. 46 ° W.
8 02	☽ Max. Dec.26°S26'
10 16	☿ in perihelion
13 12	☿ Gt.Elong. 23 ° W.
13 20	♀ in aphelion
15 14	☽ Zero Dec.
21 06	☉ enters ♋, Solstice
22 03	☽ Max. Dec.26°N27'
23 11	☽ in Perigee
28 05	☽ Zero Dec.

d h	JULY
3 22	♀ Ω
4 02	⊕ in aphelion
5 08	☽ Max. Dec.26°S28'
7 21	☽ in Perigee
8 13	☿ in perihelion
12 20	☽ Zero Dec.
19 13	☽ Max. Dec.26°N29'
21 20	☽ in Perigee
22 03	● Total eclipse
25 13	☽ Zero Dec.

d h	AUGUST
1 14	☽ Max. Dec.26°S29'
4 00	☽ in Apogee
9 02	☽ Zero Dec.
11 05	☿ ℧
15 22	☽ Max. Dec.26°N27'
19 05	☽ in Perigee
20 09	♂ Ω
21 13	☿ in aphelion
22 00	☽ Zero Dec.
24 16	☿ Gt.Elong. 27 ° E.
28 20	☽ Max. Dec.26°S24'
31 08	♀ Ω
31 11	☽ in Apogee

d h	SEPTEMBER
5 08	☽ Zero Dec.
12 05	☽ Max. Dec.26°N17'
16 08	☽ in Perigee
18 10	☽ Zero Dec.
22 21	☉ enters ♎, Equinox
25 04	☽ Max. Dec.26°S11'
28 03	☽ in Apogee
29 21	☿ Ω

d h	OCTOBER
2 16	☽ Zero Dec.
4 04	♀ in perihelion
4 13	☿ in perihelion
6 01	☿ Gt.Elong. 18 ° W.
9 10	☽ Max. Dec.26°N03'
13 12	☽ in Perigee
15 18	☽ Zero Dec.
22 12	☽ Max. Dec.25°S57'
25 23	☽ in Apogee
30 00	☽ Zero Dec.

d h	NOVEMBER
5 16	☽ Max. Dec.25°N51'
7 04	☿ ℧
7 08	☽ in Perigee
12 00	☽ Zero Dec.
17 12	☿ in aphelion
18 20	☽ Max. Dec.25°S48'
22 20	☽ in Apogee
26 08	☽ Zero Dec.

d h	DECEMBER
3 00	☽ Max. Dec.25°N46'
4 14	☽ in Perigee
9 05	☽ Zero Dec.
16 03	☽ Max. Dec.25°S46'
18 18	☿ Gt.Elong. 20 ° E.
20 15	☽ in Apogee
20 22	♀ Ω
21 18	☉ enters ♑, Solstice
23 15	☽ Zero Dec.
26 20	☿ Ω
30 10	☽ Max. Dec.25°N47'
31 12	☿ in perihelion
31 19	☽ Partial eclipse

LOCAL MEAN TIME OF SUNRISE FOR LATITUDES
60° North to 50° South
FOR ALL SUNDAYS IN 2009 (ALL TIMES ARE A.M.)

Date	NORTHERN LATITUDES									SOUTHERN LATITUDES				
	LON-DON	60°	55°	50°	40°	30°	20°	10°	0°	10°	20°	30°	40°	50°
	H M	H M	H M	H M	H M	H M	H M	H M	H M	H M	H M	H M	H M	H M
2008 Dec. 28	8 6	9 4	8 26	7 59	7 21	6 55	6 34	6 16	5 58	5 41	5 22	5 0	4 32	3 52
2009 Jan. 4	8 5	9 1	8 24	7 58	7 22	6 57	6 36	6 18	6 2	5 45	5 26	5 5	4 38	3 59
,, 11	8 2	8 54	8 20	7 56	7 21	6 57	6 38	6 21	6 4	5 48	5 31	5 11	4 45	4 8
,, 18	7 56	8 43	8 12	7 50	7 19	6 56	6 38	6 22	6 7	5 52	5 35	5 17	4 53	4 19
,, 25	7 48	8 29	8 3	7 43	7 14	6 54	6 37	6 23	6 9	5 55	5 40	5 23	5 1	4 30
Feb. 1	7 38	8 14	7 51	7 33	7 9	6 50	6 36	6 22	6 10	5 58	5 44	5 29	5 9	4 42
,, 8	7 27	7 56	7 37	7 23	7 1	6 46	6 33	6 21	6 11	6 0	5 48	5 35	5 18	4 54
,, 15	7 14	7 38	7 22	7 10	6 53	6 40	6 29	6 20	6 11	6 2	5 52	5 40	5 26	5 7
,, 22	7 0	7 18	7 6	6 57	6 43	6 33	6 25	6 17	6 10	6 3	5 55	5 46	5 35	5 19
Mar. 1	6 45	6 58	6 50	6 43	6 33	6 26	6 20	6 14	6 9	6 3	5 58	5 51	5 42	5 31
,, 8	6 29	6 37	6 32	6 28	6 22	6 18	6 14	6 11	6 7	6 4	6 0	5 56	5 50	5 42
,, 15	6 14	6 16	6 15	6 13	6 11	6 10	6 8	6 7	6 5	6 4	6 2	6 0	5 58	5 54
,, 22	5 58	5 55	5 57	5 58	6 0	6 1	6 2	6 3	6 3	6 4	6 4	6 4	6 5	6 5
,, 29	5 42	5 34	5 39	5 43	5 49	5 53	5 56	5 59	6 1	6 4	6 6	6 9	6 12	6 16
Apr. 5	5 26	5 13	5 21	5 28	5 37	5 44	5 50	5 55	5 59	6 4	6 8	6 13	6 19	6 27
,, 12	5 10	4 52	5 4	5 13	5 27	5 36	5 44	5 51	5 57	6 3	6 10	6 17	6 26	6 38
,, 19	4 55	4 31	4 47	4 59	5 16	5 29	5 39	5 48	5 56	6 4	6 12	6 21	6 33	6 48
,, 26	4 41	4 11	4 31	4 45	5 6	5 22	5 34	5 44	5 54	6 4	6 14	6 26	6 40	6 59
May 3	4 28	3 52	4 15	4 33	4 58	5 15	5 30	5 42	5 53	6 5	6 17	6 30	6 47	7 9
,, 10	4 16	3 34	4 1	4 21	4 50	5 10	5 26	5 40	5 53	6 6	6 19	6 35	6 54	7 20
,, 17	4 5	3 17	3 49	4 11	4 43	5 5	5 23	5 39	5 53	6 7	6 22	6 39	7 0	7 29
,, 24	3 56	3 3	3 38	4 3	4 38	5 2	5 21	5 38	5 53	6 9	6 25	6 43	7 6	7 38
,, 31	3 49	2 51	3 30	3 57	4 34	5 0	5 20	5 38	5 54	6 10	6 28	6 47	7 12	7 46
June 7	3 45	2 42	3 24	3 52	4 31	4 58	5 20	5 38	5 55	6 12	6 30	6 51	7 16	7 53
,, 14	3 43	2 37	3 21	3 50	4 31	4 59	5 20	5 39	5 57	6 14	6 32	6 54	7 20	7 57
,, 21	3 43	2 36	3 21	3 51	4 31	5 0	5 22	5 41	5 58	6 16	6 34	6 55	7 22	8 0
,, 28	3 46	2 40	3 24	3 53	4 34	5 2	5 23	5 42	6 0	6 17	6 35	6 57	7 23	8 0
July 5	3 50	2 48	3 30	3 58	4 37	5 4	5 26	5 44	6 1	6 18	6 36	6 56	7 22	7 58
,, 12	3 57	2 59	3 37	4 4	4 42	5 8	5 28	5 46	6 2	6 18	6 36	6 55	7 20	7 54
,, 19	4 6	3 12	3 47	4 12	4 47	5 11	5 31	5 47	6 3	6 18	6 34	6 53	7 16	7 48
,, 26	4 15	3 27	3 59	4 21	4 53	5 15	5 33	5 49	6 3	6 17	6 32	6 49	7 10	7 40
Aug. 2	4 25	3 43	4 11	4 31	4 59	5 20	5 36	5 50	6 3	6 16	6 29	6 45	7 4	7 30
,, 9	4 36	4 0	4 23	4 41	5 6	5 24	5 38	5 50	6 2	6 13	6 25	6 39	6 56	7 19
,, 16	4 47	4 17	4 36	4 51	5 12	5 28	5 40	5 51	6 1	6 11	6 21	6 32	6 47	7 6
,, 23	4 58	4 33	4 49	5 1	5 19	5 32	5 42	5 51	5 59	6 7	6 16	6 25	6 37	6 53
,, 30	5 9	4 50	5 2	5 12	5 26	5 36	5 44	5 51	5 57	6 3	6 10	6 17	6 26	6 38
Sept. 6	5 20	5 7	5 15	5 22	5 32	5 39	5 45	5 50	5 55	5 59	6 4	6 9	6 15	6 23
,, 13	5 32	5 23	5 29	5 33	5 39	5 43	5 47	5 50	5 52	5 55	5 58	6 0	6 4	6 8
,, 20	5 43	5 39	5 42	5 43	5 45	5 47	5 48	5 49	5 50	5 51	5 51	5 52	5 52	5 53
,, 27	5 54	5 56	5 55	5 54	5 52	5 51	5 50	5 49	5 48	5 46	5 45	5 43	5 41	5 37
Oct. 4	6 5	6 12	6 8	6 4	5 59	5 55	5 51	5 48	5 45	5 42	5 39	5 34	5 29	5 22
,, 11	6 17	6 29	6 21	6 15	6 6	5 59	5 53	5 48	5 43	5 38	5 33	5 26	5 19	5 7
,, 18	6 29	6 47	6 35	6 27	6 14	6 4	5 56	5 49	5 42	5 35	5 27	5 19	5 8	4 53
,, 25	6 41	7 4	6 49	6 38	6 21	6 9	5 58	5 49	5 41	5 32	5 22	5 11	4 58	4 39
Nov. 1	6 54	7 22	7 4	6 50	6 29	6 14	6 1	5 51	5 40	5 30	5 18	5 5	4 49	4 26
,, 8	7 6	7 40	7 18	7 1	6 37	6 19	6 5	5 52	5 40	5 28	5 15	5 0	4 41	4 15
,, 15	7 18	7 58	7 32	7 13	6 45	6 25	6 9	5 55	5 41	5 28	5 13	4 56	4 35	4 4
,, 22	7 30	8 15	7 46	7 24	6 53	6 31	6 13	5 57	5 43	5 28	5 12	4 53	4 30	3 56
,, 29	7 41	8 31	7 58	7 34	7 1	6 37	6 18	6 1	5 45	5 29	5 12	4 52	4 26	3 50
Dec. 6	7 50	8 45	8 9	7 43	7 8	6 42	6 22	6 4	5 48	5 31	5 13	4 51	4 25	3 46
,, 13	7 58	8 55	8 17	7 51	7 14	6 47	6 26	6 8	5 51	5 33	5 15	4 53	4 25	3 45
,, 20	8 3	9 2	8 23	7 56	7 18	6 51	6 30	6 12	5 54	5 37	5 18	4 55	4 27	3 47
,, 27	8 6	9 4	8 25	7 58	7 21	6 55	6 33	6 15	5 58	5 40	5 21	4 59	4 31	3 51
2010 Jan. 3	8 6	9 2	8 25	7 59	7 22	6 57	6 36	6 18	6 1	5 44	5 25	5 4	4 37	3 58

Example:—To find the time of Sunrise in Jamaica. (Latitude 18° N.) on Wednesday June 10th. 2009. On June 7th. L.M.T. = 5h. 20m. + $\frac{3}{10}$ × 18m. = 5h. 24m. on June 14th. L.M.T. = 5h. 20m. + $\frac{3}{10}$ × 19m. = 5h. 24m., therefore L.M.T. on June 10th. = 5h. 24m. + $\frac{3}{7}$ × 0m. = 5h. 24m. A.M.

LOCAL MEAN TIME OF SUNSET FOR LATITUDES
60° North to 50° South
FOR ALL SUNDAYS IN 2009 (ALL TIMES ARE P.M.)

Date	NORTHERN LATITUDES								SOUTHERN LATITUDES					
	LON-DON	60°	55°	50°	40°	30°	20°	10°	0°	10°	20°	30°	40°	50°
	H M	H M	H M	H M	H M	H M	H M	H M	H M	H M	H M	H M	H M	H M
2008 Dec. 28	3 58	3 0	3 38	4 5	4 42	5 9	5 30	5 48	6 6	6 23	6 42	7 4	7 32	8 12
2009 Jan. 4	4 5	3 9	3 46	4 12	4 48	5 13	5 34	5 52	6 9	6 25	6 44	7 5	7 32	8 11
,, 11	4 14	3 22	3 56	4 20	4 54	5 19	5 38	5 55	6 11	6 28	6 45	7 5	7 31	8 8
,, 18	4 25	3 38	4 9	4 31	5 2	5 25	5 43	5 59	6 14	6 29	6 46	7 4	7 28	8 2
,, 25	4 36	3 55	4 22	4 42	5 10	5 31	5 47	6 2	6 16	6 30	6 45	7 2	7 24	7 55
Feb. 1	4 49	4 14	4 37	4 54	5 19	5 37	5 52	6 5	6 17	6 30	6 43	6 58	7 18	7 45
,, 8	5 2	4 32	4 51	5 6	5 27	5 43	5 56	6 7	6 18	6 29	6 40	6 54	7 11	7 34
,, 15	5 15	4 51	5 6	5 18	5 36	5 49	5 59	6 9	6 18	6 27	6 37	6 48	7 2	7 22
,, 22	5 27	5 9	5 21	5 30	5 44	5 54	6 2	6 10	6 17	6 24	6 32	6 41	6 53	7 8
Mar. 1	5 40	5 27	5 35	5 42	5 52	5 59	6 5	6 11	6 16	6 21	6 27	6 34	6 42	6 54
,, 8	5 52	5 44	5 49	5 53	5 59	6 4	6 8	6 11	6 14	6 18	6 22	6 26	6 32	6 39
,, 15	6 4	6 2	6 3	6 5	6 7	6 8	6 10	6 11	6 12	6 14	6 16	6 18	6 20	6 24
,, 22	6 16	6 19	6 17	6 16	6 14	6 13	6 12	6 11	6 10	6 10	6 10	6 9	6 9	6 9
,, 29	6 28	6 36	6 31	6 27	6 21	6 17	6 14	6 11	6 8	6 6	6 3	6 1	5 58	5 54
Apr. 5	6 40	6 53	6 44	6 38	6 28	6 21	6 15	6 11	6 6	6 2	5 57	5 52	5 46	5 39
,, 12	6 51	7 10	6 58	6 49	6 35	6 25	6 17	6 11	6 4	5 58	5 52	5 44	5 36	5 24
,, 19	7 3	7 27	7 11	6 59	6 42	6 30	6 19	6 11	6 3	5 55	5 49	5 37	5 25	5 10
,, 26	7 14	7 44	7 25	7 10	6 49	6 34	6 22	6 11	6 1	5 52	5 41	5 30	5 16	4 57
May 3	7 26	8 2	7 38	7 21	6 56	6 38	6 24	6 12	6 0	5 49	5 37	5 23	5 7	4 44
,, 10	7 37	8 19	7 51	7 31	7 3	6 43	6 27	6 13	6 0	5 47	5 33	5 18	4 59	4 33
,, 17	7 48	8 35	8 4	7 41	7 10	6 47	6 29	6 14	6 0	5 46	5 31	5 14	4 52	4 23
,, 24	7 57	8 51	8 15	7 51	7 16	6 52	6 32	6 16	6 0	5 45	5 29	5 10	4 47	4 15
,, 31	8 6	9 4	8 26	7 59	7 21	6 56	6 35	6 17	6 1	5 45	5 28	5 8	4 43	4 9
June 7	8 13	9 16	8 34	8 5	7 26	6 59	6 38	6 19	6 2	5 45	5 28	5 5	4 41	4 5
,, 14	8 18	9 23	8 40	8 10	7 30	7 2	6 40	6 21	6 4	5 46	5 27	5 7	4 40	4 3
,, 21	8 20	9 27	8 42	8 12	7 32	7 4	6 42	6 23	6 5	5 48	5 29	5 8	4 41	4 4
,, 28	8 21	9 26	8 43	8 13	7 33	7 5	6 43	6 24	6 7	5 49	5 31	5 10	4 43	4 6
July 5	8 19	9 21	8 39	8 11	7 32	7 5	6 43	6 25	6 8	5 51	5 33	5 13	4 47	4 11
,, 12	8 14	9 13	8 34	8 7	7 29	7 3	6 43	6 25	6 9	5 53	5 36	5 16	4 51	4 17
,, 19	8 7	9 0	8 25	8 0	7 25	7 1	6 42	6 25	6 10	5 54	5 38	5 20	4 57	4 24
,, 26	7 58	8 46	8 14	7 52	7 20	6 57	6 40	6 24	6 10	5 56	5 41	5 24	5 2	4 33
Aug. 2	7 47	8 29	8 2	7 42	7 13	6 53	6 37	6 23	6 10	5 57	5 43	5 28	5 9	4 42
,, 9	7 35	8 11	7 47	7 30	7 5	6 47	6 33	6 20	6 9	5 58	5 46	5 32	5 15	4 52
,, 16	7 21	7 52	7 32	7 17	6 56	6 41	6 28	6 18	6 8	5 58	5 48	5 36	5 22	5 2
,, 23	7 7	7 32	7 16	7 4	6 46	6 33	6 23	6 14	6 6	5 58	5 49	5 40	5 28	5 13
,, 30	6 52	7 11	6 59	6 49	6 36	6 25	6 17	6 10	6 4	5 58	5 51	5 44	5 35	5 23
Sept. 6	6 36	6 50	6 41	6 34	6 24	6 17	6 11	6 6	6 2	5 57	5 53	5 48	5 41	5 33
,, 13	6 20	6 29	6 23	6 19	6 13	6 9	6 5	6 2	5 59	5 57	5 54	5 51	5 48	5 44
,, 20	6 4	6 7	6 5	6 4	6 1	6 0	5 59	5 58	5 57	5 56	5 56	5 55	5 55	5 54
,, 27	5 48	5 46	5 47	5 48	5 50	5 51	5 52	5 53	5 54	5 56	5 57	5 59	6 1	6 5
Oct. 4	5 32	5 25	5 30	5 33	5 38	5 43	5 46	5 49	5 52	5 55	5 59	6 3	6 8	6 15
,, 11	5 16	5 4	5 12	5 18	5 27	5 34	5 40	5 45	5 50	5 55	6 1	6 7	6 15	6 26
,, 18	5 1	4 44	4 55	5 4	5 17	5 27	5 35	5 42	5 49	5 56	6 3	6 12	6 23	6 38
,, 25	4 47	4 24	4 39	4 50	5 7	5 20	5 30	5 39	5 48	5 56	6 6	6 17	6 30	6 49
Nov. 1	4 34	4 5	4 24	4 38	4 58	5 13	5 26	5 37	5 47	5 58	6 9	6 22	6 38	7 1
,, 8	4 22	3 47	4 10	4 26	4 50	5 8	5 23	5 35	5 47	5 59	6 12	6 28	6 47	7 13
,, 15	4 11	3 31	3 57	4 16	4 44	5 4	5 20	5 35	5 48	6 2	6 16	6 33	6 55	7 25
,, 22	4 2	3 17	3 47	4 8	4 39	5 1	5 19	5 35	5 50	6 5	6 21	6 39	7 3	7 36
,, 29	3 56	3 5	3 39	4 2	4 36	5 0	5 19	5 36	5 52	6 8	6 25	6 45	7 10	7 47
Dec. 6	3 52	2 57	3 33	3 59	4 34	5 0	5 20	5 38	5 55	6 11	6 30	6 51	7 17	7 56
,, 13	3 51	2 53	3 31	3 58	4 35	5 1	5 22	5 40	5 58	6 15	6 34	6 56	7 23	8 3
,, 20	3 52	2 53	3 32	3 59	4 37	5 4	5 25	5 44	6 1	6 19	6 38	7 0	7 28	8 8
,, 27	3 56	2 58	3 37	4 4	4 41	5 8	5 29	5 47	6 5	6 22	6 41	7 3	7 31	8 11
2010 Jan. 3	4 3	3 7	3 44	4 10	4 47	5 12	5 33	5 51	6 8	6 25	6 43	7 5	7 32	8 11

Example:—To find the time of Sunset in Canberra (Latitude 35.3°S.) on Friday July 31st. 2009. On July 26th. L.M.T. = 5h. 24m. − ⁵⁄₁₀ × 22m. = 5h. 12m., on August 2nd. L.M.T. = 5h. 28m. − ⁵⁄₁₀ × 19m. = 5h. 18m., therefore L.M.T. on July 31st. = 5h. 12m. + ⁵⁄₇ × 6m. = 5h. 16m. P.M.

TABLES OF HOUSES FOR LONDON, Latitude 51º 32' N.

Sidereal Time — 10 ♈ | 11 ♉ | 12 ♊ | Ascen ♋ | 2 ♌ | 3 ♍

Sidereal Time H. M. S.	10 ♈	11 ♉	12 ♊	Ascen ♋	2 ♌	3 ♍
0 0 0	0	9	22	26 36	12	3
0 3 40	1	10	23	27 17	13	3
0 7 20	2	11	24	27 56	14	4
0 11 0	3	12	25	28 42	15	5
0 14 41	4	13	25	29 17	15	6
0 18 21	5	14	26	29 55	16	7
0 22 2	6	15	27	0♌34	17	8
0 25 42	7	16	28	1 14	18	8
0 29 23	8	17	29	1 55	18	9
0 33 4	9	18	♋	2 33	19	10
0 36 45	10	19	1	3 14	20	11
0 40 26	11	20	1	3 54	20	12
0 44 8	12	21	2	4 33	21	13
0 47 50	13	22	3	5 12	22	14
0 51 32	14	23	4	5 52	23	15
0 55 14	15	24	5	6 30	23	15
0 58 57	16	25	6	7 9	24	16
1 2 40	17	26	6	7 50	25	17
1 6 23	18	27	7	8 30	26	18
1 10 7	19	28	8	9 9	26	19
1 13 51	20	29	9	9 48	27	19
1 17 35	21	♊	10	10 28	28	20
1 21 20	22	1	10	11 8	28	21
1 25 6	23	2	11	11 48	29	22
1 28 52	24	3	12	12 28	♍	23
1 32 38	25	4	13	13 8	1	24
1 36 25	26	5	14	13 48	1	25
1 40 12	27	6	14	14 28	2	25
1 44 0	28	7	15	15 8	3	26
1 47 48	29	8	16	15 48	4	27
1 51 37	30	9	17	16 28	4	28

Sidereal Time — 10 ♉ | 11 ♊ | 12 ♋ | Ascen ♌ | 2 ♍ | 3 ♍

Sidereal Time H. M. S.	10 ♉	11 ♊	12 ♋	Ascen ♌	2 ♍	3 ♍
1 51 37	0	9	17	16 28	4	28
1 55 27	1	10	18	17 8	5	29
1 59 17	2	11	19	17 48	6	♎
2 3 8	3	12	19	18 28	7	1
2 6 59	4	13	20	19 9	8	2
2 10 51	5	14	21	19 49	9	2
2 14 44	6	15	22	20 29	9	3
2 18 37	7	16	22	21 10	10	4
2 22 31	8	17	23	21 51	11	5
2 26 25	9	18	24	22 32	11	6
2 30 20	10	19	25	23 14	12	7
2 34 16	11	20	25	23 55	13	8
2 38 13	12	21	26	24 36	14	9
2 42 10	13	22	27	25 17	15	10
2 46 8	14	23	28	25 58	15	11
2 50 7	15	24	29	26 40	16	12
2 54 7	16	25	29	27 22	17	12
2 58 7	17	26	♌	28 4	18	13
3 2 8	18	27	1	28 46	18	14
3 6 9	19	27	2	29 28	19	15
3 10 12	20	28	3	0♍12	20	16
3 14 15	21	29	3	0 54	21	17
3 18 19	22	♋	4	1 36	22	18
3 22 23	23	1	5	2 20	22	19
3 26 29	24	2	6	3 2	23	20
3 30 35	25	3	7	3 45	24	21
3 34 41	26	4	7	4 28	25	22
3 38 49	27	5	8	5 11	26	23
3 42 57	28	6	9	5 54	27	24
3 47 6	29	7	10	6 38	27	25
3 51 15	30	8	11	7 21	28	25

Sidereal Time — 10 ♊ | 11 ♋ | 12 ♌ | Ascen ♍ | 2 ♍ | 3 ♎

Sidereal Time H. M. S.	10 ♊	11 ♋	12 ♌	Ascen ♍	2 ♍	3 ♎
3 51 15	0	8	11	7 21	28	25
3 55 25	1	9	12	8 5	29	26
3 59 36	2	10	12	8 49	♎	27
4 3 48	3	10	13	9 33	1	28
4 8 0	4	11	14	10 17	2	29
4 12 13	5	12	15	11 2	2	♏
4 16 26	6	13	16	11 46	3	1
4 20 40	7	14	17	12 30	4	2
4 24 55	8	15	17	13 15	5	3
4 29 10	9	16	18	14 0	6	4
4 33 26	10	17	19	14 45	7	5
4 37 42	11	18	20	15 30	8	6
4 41 59	12	19	21	16 15	8	7
4 46 16	13	20	21	17 0	9	8
4 50 34	14	21	22	17 45	10	9
4 54 52	15	22	23	18 30	11	10
4 59 10	16	23	24	19 16	12	11
5 3 29	17	24	25	20 3	13	12
5 7 49	18	25	26	20 49	14	13
5 12 9	19	25	27	21 35	14	14
5 16 29	20	26	28	22 20	15	14
5 20 49	21	27	28	23 6	16	15
5 25 9	22	28	29	23 51	17	16
5 29 30	23	29	♍	24 37	18	17
5 33 51	24	♌	1	25 23	19	18
5 38 12	25	1	2	26 9	20	19
5 42 34	26	2	3	26 55	21	20
5 46 55	27	3	4	27 41	21	21
5 51 17	28	4	4	28 27	22	22
5 55 38	29	5	5	29 13	23	23
6 0 0	30	6	6	30 0	24	24

Sidereal Time — 10 ♋ | 11 ♌ | 12 ♍ | Ascen ♎ | 2 ♎ | 3 ♏

Sidereal Time H. M. S.	10 ♋	11 ♌	12 ♍	Ascen ♎	2 ♎	3 ♏
6 0 0	0	6	6	0 0	24	24
6 4 22	1	7	7	0 47	25	25
6 8 43	2	8	8	1 33	26	26
6 13 5	3	9	9	2 19	27	27
6 17 26	4	10	10	3 5	27	28
6 21 48	5	11	10	3 51	28	29
6 26 9	6	12	11	4 37	29	♐
6 30 30	7	13	12	5 23	♏	1
6 34 51	8	14	13	6 9	1	2
6 39 11	9	15	14	6 55	2	3
6 43 31	10	16	15	7 40	2	4
6 47 51	11	16	16	8 26	3	4
6 52 11	12	17	16	9 12	4	5
6 56 31	13	18	17	9 58	5	6
7 0 50	14	19	18	10 43	6	7
7 5 8	15	20	19	11 28	7	8
7 9 26	16	21	20	12 14	8	9
7 13 44	17	22	21	12 59	8	10
7 18 1	18	23	22	13 45	9	11
7 22 18	19	24	23	14 30	10	12
7 26 34	20	25	24	15 15	11	13
7 30 50	21	26	25	16 0	12	14
7 35 5	22	27	26	16 45	13	15
7 39 20	23	28	26	17 30	13	16
7 43 34	24	29	27	18 14	14	17
7 47 47	25	♍	28	18 59	15	18
7 52 0	26	1	29	19 43	16	19
7 56 12	27	2	29	20 27	17	20
8 0 24	28	3	♎	21 11	18	20
8 4 35	29	4	1	21 56	18	21
8 8 45	30	5	2	22 40	19	22

Sidereal Time — 10 ♌ | 11 ♍ | 12 ♎ | Ascen ♎ | 2 ♏ | 3 ♐

Sidereal Time H. M. S.	10 ♌	11 ♍	12 ♎	Ascen ♎	2 ♏	3 ♐
8 8 45	0	5	2	22 40	19	22
8 12 54	1	5	3	23 24	20	23
8 17 3	2	6	3	24 7	21	24
8 21 11	3	7	4	24 50	22	25
8 25 19	4	8	5	25 34	23	26
8 29 26	5	9	6	26 18	23	27
8 33 31	6	10	7	27 1	24	28
8 37 37	7	11	8	27 44	25	29
8 41 41	8	12	8	28 26	26	♐
8 45 45	9	13	9	29 8	27	1
8 49 48	10	14	9	29 50	27	2
8 53 51	11	15	11	0♏32	28	3
8 57 52	12	16	12	1 15	29	4
9 1 53	13	17	12	1 58	♐	5
9 5 53	14	18	13	2 39	1	5
9 9 53	15	18	14	3 21	1	6
9 13 52	16	19	15	4 3	2	7
9 17 50	17	20	16	4 44	3	8
9 21 47	18	21	16	5 27	3	9
9 25 44	19	22	17	6 7	4	10
9 29 40	20	23	18	6 48	5	11
9 33 35	21	24	18	7 29	5	12
9 37 29	22	25	19	8 9	6	13
9 41 23	23	26	20	8 50	7	14
9 45 16	24	27	21	9 31	8	15
9 49 9	25	28	22	10 11	9	16
9 53 1	26	28	23	10 51	9	17
9 56 12	27	29	23	11 32	10	18
10 0 43	28	♎	24	12 12	11	19
10 4 33	29	1	25	12 53	12	20
10 8 23	30	2	26	13 33	13	20

Sidereal Time — 10 ♍ | 11 ♎ | 12 ♎ | Ascen ♏ | 2 ♐ | 3 ♑

Sidereal Time H. M. S.	10 ♍	11 ♎	12 ♎	Ascen ♏	2 ♐	3 ♑
10 8 23	0	2	26	13 33	13	20
10 12 12	1	3	26	14 13	14	21
10 16 0	2	4	27	14 53	15	22
10 19 48	3	5	28	15 33	15	23
10 23 35	4	5	29	16 13	16	24
10 27 22	5	6	29	16 52	17	25
10 31 8	6	7	♏	17 32	18	26
10 34 54	7	8	1	18 12	19	27
10 38 40	8	9	2	18 52	20	28
10 42 25	9	10	2	19 31	20	29
10 46 9	10	11	3	20 11	21	♑
10 49 53	11	11	4	20 50	22	1
10 53 37	12	12	4	21 30	23	2
10 57 20	13	13	5	22 9	24	3
11 1 3	14	14	6	22 49	24	4
11 4 46	15	15	7	23 28	25	5
11 8 28	16	16	7	24 8	26	6
11 12 10	17	17	8	24 47	27	8
11 15 52	18	17	9	25 27	28	9
11 19 34	19	18	10	26 6	29	10
11 23 15	20	19	10	26 45	♑	11
11 26 56	21	20	11	27 25	0	12
11 30 37	22	21	12	28 5	1	13
11 34 18	23	22	13	28 44	2	14
11 37 58	24	23	13	29 24	3	15
11 41 39	25	23	14	0♐3	4	16
11 45 19	26	24	15	0 43	5	17
11 49 0	27	25	15	1 23	6	18
11 52 40	28	26	16	2 3	6	19
11 56 20	29	27	17	2 43	7	20
12 0 0	30	27	17	3 23	8	21

TABLES OF HOUSES FOR LONDON, Latitude 51° 32' N.

Panel A

Sidereal Time	10 ♎	11 ♎	12 ♏	Ascen ♐	2 ♑	3 ♒
H. M. S.	°	°	°	° °	°	°
12 0 0	0	27	17	3 23	8	21
12 3 40	1	28	18	4 4	9	23
12 7 20	2	29	19	4 45	10	24
12 11 0	3	♏	20	5 26	11	25
12 14 41	4	1	20	6 7	12	26
12 18 21	5	1	21	6 48	13	27
12 22 2	6	2	22	7 29	14	28
12 25 42	7	3	23	8 10	15	29
12 29 23	8	4	23	8 51	16	♓
12 33 4	9	5	24	9 33	17	2
12 36 45	10	6	25	10 15	18	3
12 40 26	11	6	25	10 57	19	4
12 44 8	12	7	26	11 40	20	5
12 47 50	13	8	27	12 22	21	6
12 51 32	14	9	28	13 4	22	7
12 55 14	15	10	28	13 47	23	9
12 58 57	16	11	29	14 30	24	10
13 2 40	17	11	♐	15 14	25	11
13 6 23	18	12	1	15 59	26	12
13 10 7	19	13	1	16 44	27	13
13 13 51	20	14	2	17 29	28	15
13 17 35	21	15	3	18 14	29	16
13 21 20	22	16	4	19 0	♒	17
13 25 6	23	16	4	19 45	1	18
13 28 52	24	17	5	20 31	2	20
13 32 38	25	18	6	21 18	4	21
13 36 25	26	19	7	22 6	5	22
13 40 12	27	20	7	22 54	6	23
13 44 0	28	21	8	23 42	7	25
13 47 48	29	21	9	24 31	8	26
13 51 37	30	22	10	25 20	10	27

Panel B

Sidereal Time	10 ♏	11 ♏	12 ♐	Ascen ♐	2 ♒	3 ♓
H. M. S.	°	°	°	° °	°	°
13 51 37	0	22	10	25 20	10	27
13 55 27	1	23	11	26 10	11	28
13 59 17	2	24	11	27 2	12	♈
14 3 8	3	25	12	27 53	14	1
14 6 59	4	26	13	28 45	15	2
14 10 51	5	26	14	29 36	16	4
14 14 44	6	27	15	0 ♑ 29	18	5
14 18 37	7	28	15	1 23	19	6
14 22 31	8	29	16	2 18	20	8
14 26 25	9	♐	17	3 14	22	9
14 30 20	10	1	18	4 11	23	10
14 34 16	11	2	19	5 9	25	11
14 38 13	12	2	20	6 7	26	13
14 42 10	13	3	20	7 6	28	14
14 46 8	14	4	21	8 6	29	15
14 50 7	15	5	22	9 8	♓	17
14 54 7	16	6	23	10 11	2	18
14 58 7	17	7	24	11 15	4	19
15 2 15	18	8	25	12 20	6	21
15 6 9	19	9	26	13 27	8	22
15 10 12	20	9	27	14 35	9	23
15 14 15	21	10	27	15 43	11	24
15 18 19	22	11	28	16 52	13	26
15 22 23	23	12	29	18 3	14	27
15 26 29	24	13	♑	19 16	16	28
15 30 35	25	14	1	20 32	17	29
15 34 41	26	15	2	21 48	19	♉
15 38 49	27	16	3	23 8	21	2
15 42 57	28	17	4	24 29	22	3
15 47 6	29	18	5	25 51	24	5
15 51 15	30	18	6	27 15	26	6

Panel C

Sidereal Time	10 ♐	11 ♐	12 ♑	Ascen ♑	2 ♓	3 ♉
H. M. S.	°	°	°	° °	°	°
15 51 15	0	18	6	27 15	26	6
15 55 25	1	19	7	28 42	28	7
15 59 36	2	20	8	0 ♒ 11	♈	9
16 3 48	3	21	9	1 42	2	10
16 8 0	4	22	10	3 16	3	11
16 12 13	5	23	11	4 53	5	12
16 16 26	6	24	12	6 32	7	14
16 20 40	7	25	13	8 13	9	15
16 24 55	8	26	14	9 57	11	16
16 29 10	9	27	16	11 44	12	17
16 33 26	10	28	17	13 34	14	18
16 37 42	11	29	18	15 26	16	20
16 41 59	12	♑	19	17 20	18	21
16 46 16	13	1	20	19 18	20	22
16 50 34	14	2	21	21 22	21	23
16 54 52	15	3	22	23 29	23	25
16 59 10	16	4	24	25 36	25	26
17 3 29	17	5	25	27 46	27	27
17 7 49	18	6	26	0 ♓ 0	28	28
17 12 9	19	7	27	2 19	♉	29
17 16 29	20	8	29	4 40	2	♊
17 20 49	21	9	♒	7 3	3	1
17 25 9	22	10	1	9 26	5	2
17 29 30	23	11	3	11 54	7	3
17 33 51	24	12	4	14 24	8	5
17 38 12	25	13	5	17 0	10	6
17 42 34	26	14	7	19 33	11	7
17 46 55	27	15	8	22 6	13	8
17 51 17	28	16	10	24 40	14	9
17 55 38	29	17	11	27 20	16	10
18 0 0	30	18	13	30 0	17	11

Panel D

Sidereal Time	10 ♑	11 ♑	12 ♒	Ascen ♈	2 ♉	3 ♊
H. M. S.	°	°	°	° °	°	°
18 0 0	0	18	13	0 0	17	11
18 4 22	1	20	14	2 39	19	13
18 8 43	2	21	16	5 19	20	14
18 13 5	3	22	17	7 55	22	15
18 17 26	4	23	19	10 23	24	16
18 21 48	5	24	20	13 2	25	17
18 26 9	6	25	22	15 36	26	18
18 30 30	7	26	23	18 6	27	19
18 34 51	8	27	25	20 34	29	20
18 39 11	9	29	27	22 59	♊	21
18 43 31	10	♒	28	25 22	2	22
18 47 51	11	1	♓	27 42	3	23
18 52 11	12	2	2	29 58	4	24
18 56 31	13	3	3	2 ♉ 13	5	25
19 0 50	14	4	5	4 24	6	26
19 5 8	15	6	7	6 30	8	27
19 9 26	16	7	9	8 36	9	28
19 13 44	17	8	10	10 40	10	29
19 18 1	18	9	12	12 39	11	♋
19 22 18	19	10	14	14 35	12	1
19 26 34	20	12	16	16 28	13	2
19 30 50	21	13	18	18 14	14	3
19 35 5	22	14	19	20 3	16	4
19 39 20	23	15	21	21 48	17	5
19 43 34	24	16	23	23 29	18	6
19 47 47	25	18	25	25 9	19	7
19 52 0	26	19	27	26 45	20	8
19 56 12	27	20	28	28 18	21	9
20 0 24	28	21	♈	29 49	22	10
20 4 35	29	23	2	1 ♊ 19	23	11
20 8 45	30	24	4	2 45	24	12

Panel E

Sidereal Time	10 ♒	11 ♒	12 ♈	Ascen ♊	2 ♊	3 ♋
H. M. S.	°	°	°	° °	°	°
20 8 45	0	24	4	2 45	24	12
20 12 54	1	25	6	4 9	25	12
20 17 3	2	27	7	5 32	26	13
20 21 11	3	28	9	6 53	27	14
20 25 19	4	29	11	8 12	28	15
20 29 26	5	♓	13	9 27	29	16
20 33 31	6	2	14	10 43	♋	17
20 37 37	7	3	16	11 58	1	18
20 41 41	8	4	18	13 9	2	19
20 45 45	9	6	19	14 18	3	20
20 49 48	10	7	21	15 25	3	21
20 53 51	11	8	23	16 32	4	21
20 57 52	12	9	24	17 39	5	22
21 1 53	13	11	26	18 44	6	23
21 5 53	14	12	28	19 48	7	24
21 9 53	15	13	29	20 51	8	25
21 13 52	16	15	♉	21 53	9	26
21 17 50	17	16	2	22 53	10	27
21 21 47	18	17	4	23 51	11	28
21 25 44	19	19	5	24 51	11	28
21 29 40	20	20	7	25 48	12	29
21 33 35	21	22	8	26 44	13	♌
21 37 29	22	23	10	27 40	14	1
21 41 23	23	24	11	28 34	15	2
21 45 16	24	25	13	29 29	16	3
21 49 9	25	26	14	0 ♋ 22	16	4
21 53 1	26	28	15	1 15	17	4
21 56 52	27	29	17	2 7	18	5
22 0 43	28	♈	18	2 57	19	6
22 4 33	29	2	19	3 48	19	7
22 8 23	30	3	20	4 38	20	8

Panel F

Sidereal Time	10 ♓	11 ♈	12 ♉	Ascen ♋	2 ♋	3 ♌
H. M. S.	°	°	°	° °	°	°
22 8 23	0	3	20	4 38	20	8
22 12 12	1	4	21	5 28	21	8
22 16 0	2	6	23	6 17	22	9
22 19 48	3	7	24	7 5	23	10
22 23 35	4	8	25	7 53	23	11
22 27 22	5	9	26	8 42	24	12
22 31 8	6	10	28	9 29	25	13
22 34 54	7	12	29	10 16	26	14
22 38 40	8	13	♊	11 2	26	14
22 42 25	9	14	1	11 47	27	15
22 46 0	10	15	2	12 31	28	16
22 49 53	11	17	3	13 16	29	17
22 53 37	12	18	4	14 1	29	18
22 57 20	13	19	5	14 45	♌	19
23 1 3	14	20	6	15 28	1	19
23 4 46	15	21	7	16 11	2	20
23 8 28	16	23	8	16 54	2	21
23 12 10	17	24	9	17 37	3	22
23 15 52	18	25	10	18 20	4	23
23 19 34	19	26	11	19 3	5	24
23 23 15	20	27	12	19 45	5	24
23 26 56	21	29	13	20 26	6	25
23 30 37	22	♉	14	21 8	7	26
23 34 18	23	1	15	21 50	7	27
23 37 58	24	2	16	22 31	8	28
23 41 39	25	3	17	23 12	9	28
23 45 19	26	4	18	23 53	9	29
23 49 0	27	5	19	24 34	10	♍
23 52 40	28	6	20	25 15	11	1
23 56 20	29	8	21	25 56	12	2
24 0 0	30	9	22	26 36	13	3

TABLES OF HOUSES FOR LIVERPOOL, Latitude 53º 25' N.

Sidereal Time H. M. S.	10 ♈	11 ♉	12 ♊	Ascen ♋ ° '	2 ♌	3 ♍
0 0 0	0	9	24	28 12	14	3
0 3 40	1	10	25	28 51	14	4
0 7 20	2	12	25	29 30	15	4
0 11 0	3	13	26	0♌ 9	16	5
0 14 41	4	14	27	0 48	17	6
0 18 21	5	15	28	1 27	17	7
0 22 2	6	16	29	2 6	18	8
0 25 42	7	17	69	2 44	19	9
0 29 23	8	18	1	3 22	19	10
0 33 4	9	19	1	4 1	20	10
0 36 45	10	20	2	4 39	21	11
0 40 26	11	21	3	5 18	22	12
0 44 8	12	22	4	5 56	22	13
0 47 50	13	23	5	6 34	23	14
0 51 32	14	24	6	7 13	24	14
0 55 14	15	25	6	7 51	24	15
0 58 57	16	26	7	8 30	25	16
1 2 40	17	27	8	9 8	26	17
1 6 23	18	28	9	9 47	26	18
1 10 7	19	29	10	10 25	27	19
1 13 51	20	♊	11	11 4	28	19
1 17 35	21	1	11	11 43	28	20
1 21 20	22	2	12	12 21	29	21
1 25 6	23	3	13	13 0	♍	22
1 28 52	24	4	14	13 39	1	23
1 32 38	25	5	15	14 17	1	24
1 36 25	26	6	15	14 56	2	25
1 40 12	27	7	16	15 35	3	25
1 44 0	28	8	17	16 14	3	26
1 47 48	29	9	18	16 53	4	27
1 51 37	30	10	18	17 32	5	28

Sidereal Time H. M. S.	10 ♉	11 ♊	12 69	Ascen ♌ ° '	2 ♍	3 ♍
1 51 37	0	10	18	17 32	5	28
1 55 27	1	11	19	18 11	6	29
1 59 17	2	12	20	18 51	6	♎
2 3 8	3	13	21	19 30	7	1
2 6 59	4	14	22	20 9	8	2
2 10 51	5	15	22	20 49	9	2
2 14 44	6	16	23	21 28	9	3
2 18 37	7	17	24	22 8	10	4
2 22 31	8	18	25	22 48	11	5
2 26 25	9	19	25	23 28	12	6
2 30 20	10	20	26	24 8	12	7
2 34 16	11	21	27	24 48	13	8
2 38 13	12	22	28	25 28	14	9
2 42 10	13	23	29	26 8	15	10
2 46 8	14	24	29	26 49	15	10
2 50 7	15	25	♌	27 29	16	11
2 54 7	16	26	1	28 10	17	12
2 58 7	17	27	2	28 51	18	13
3 2 8	18	28	2	29 32	19	14
3 6 9	19	29	3	0♍13	19	15
3 10 12	20	29	4	0 54	20	16
3 14 15	21	69	5	1 36	21	17
3 18 19	22	1	5	2 17	22	18
3 22 23	23	2	6	2 59	23	19
3 26 29	24	3	7	3 41	23	20
3 30 35	25	4	8	4 23	24	21
3 34 41	26	5	9	5 5	25	22
3 38 49	27	6	10	5 47	26	22
3 42 57	28	7	10	6 29	27	23
3 47 6	29	8	11	7 12	27	24
3 51 15	30	9	12	7 55	28	25

Sidereal Time H. M. S.	10 ♊	11 69	12 ♌	Ascen ♍ ° '	2 ♍	3 ♎
3 51 15	0	9	12	7 55	28	25
3 55 25	1	10	13	8 37	29	26
3 59 36	2	11	13	9 20	♎	27
4 3 48	3	12	14	10 3	1	28
4 8 0	4	12	15	10 46	2	29
4 12 13	5	13	16	11 30	2	♏
4 16 26	6	14	17	12 13	3	1
4 20 40	7	15	18	12 56	4	2
4 24 55	8	16	18	13 40	5	3
4 29 10	9	17	19	14 24	6	4
4 33 26	10	18	20	15 8	7	5
4 37 42	11	19	21	15 52	7	6
4 41 59	12	20	21	16 36	8	6
4 46 16	13	21	22	17 20	9	7
4 50 34	14	22	23	18 4	10	8
4 54 52	15	23	24	18 48	11	9
4 59 10	16	24	25	19 32	12	10
5 3 29	17	24	26	20 17	12	11
5 7 49	18	25	26	21 1	13	12
5 12 9	19	26	27	21 46	14	13
5 16 29	20	27	28	22 31	15	14
5 20 49	21	28	29	23 16	16	15
5 25 9	22	29	♍	24 0	17	16
5 29 30	23	♌	1	24 45	18	17
5 33 51	24	1	1	25 30	18	18
5 38 12	25	2	2	26 15	19	19
5 42 34	26	3	3	27 0	20	20
5 46 55	27	4	4	27 45	21	21
5 51 17	28	5	5	28 30	22	21
5 55 38	29	6	6	29 15	23	22
6 0 0	30	7	7	30 0	23	23

Sidereal Time H. M. S.	10 69	11 ♌	12 ♍	Ascen ♎ ° '	2 ♎	3 ♏
6 0 0	0	7	7	0 0	23	23
6 4 22	1	8	7	0 45	24	24
6 8 43	2	9	8	1 30	25	25
6 13 5	3	9	9	2 15	26	26
6 17 26	4	10	10	3 0	27	27
6 21 48	5	11	11	3 45	28	28
6 26 9	6	12	12	4 30	29	29
6 30 30	7	13	12	5 15	29	♐
6 34 51	8	14	13	6 0	♏	1
6 39 11	9	15	14	6 44	1	2
6 43 31	10	16	15	7 29	2	3
6 47 51	11	17	16	8 14	3	4
6 52 11	12	18	17	8 59	4	5
6 56 31	13	19	18	9 43	4	6
7 0 50	14	20	18	10 27	5	6
7 5 8	15	21	19	11 11	6	7
7 9 26	16	22	20	11 56	7	8
7 13 44	17	23	21	12 40	8	9
7 18 1	18	24	22	13 24	8	10
7 22 18	19	24	23	14 8	9	11
7 26 34	20	25	23	14 52	10	12
7 30 50	21	26	24	15 36	11	13
7 35 5	22	27	25	16 20	12	14
7 39 20	23	28	26	17 4	13	15
7 43 34	24	29	27	17 47	13	16
7 47 47	25	♍	28	18 30	14	17
7 52 0	26	1	28	19 13	15	18
7 56 12	27	2	29	19 57	16	18
8 0 24	28	3	♎	20 40	17	19
8 4 35	29	4	1	21 23	17	20
8 8 45	30	5	2	22 5	18	21

Sidereal Time H. M. S.	10 ♌	11 ♍	12 ♎	Ascen ♎ ° '	2 ♏	3 ♐
8 8 45	0	5	2	22 5	18	21
8 12 54	1	6	2	22 48	19	22
8 17 3	2	7	3	23 30	20	23
8 21 11	3	8	4	24 13	20	24
8 25 19	4	8	5	24 55	21	25
8 29 26	5	9	6	25 37	22	26
8 33 31	6	10	7	26 19	23	27
8 37 37	7	11	7	27 1	24	28
8 41 41	8	12	8	27 43	25	29
8 45 45	9	13	9	28 24	25	♐
8 49 48	10	14	10	29 6	26	1
8 53 51	11	15	11	29 47	27	2
8 57 52	12	16	11	0♏28	28	2
9 1 53	13	17	12	1 9	28	3
9 5 53	14	18	13	1 50	29	4
9 9 53	15	19	14	2 31	♐	5
9 13 52	16	19	15	3 11	1	6
9 17 50	17	20	15	3 52	1	7
9 21 47	18	21	16	4 32	2	8
9 25 44	19	22	17	5 12	3	9
9 29 40	20	23	18	5 52	4	10
9 33 35	21	24	18	6 32	5	11
9 37 29	22	25	19	7 12	5	12
9 41 23	23	26	20	7 52	6	13
9 45 16	24	27	21	8 32	7	14
9 49 9	25	27	21	9 12	8	15
9 53 1	26	28	22	9 51	8	16
9 56 52	27	29	23	10 30	9	17
10 0 43	28	♎	24	11 9	10	17
10 4 33	29	1	24	11 49	11	18
10 8 23	30	2	25	12 28	11	19

Sidereal Time H. M. S.	10 ♍	11 ♎	12 ♎	Ascen ♏ ° '	2 ♐	3 ♑
10 8 23	0	2	25	12 28	11	19
10 12 12	1	3	26	13 6	12	20
10 16 0	2	4	27	13 45	13	21
10 19 48	3	4	27	14 25	14	22
10 23 35	4	5	28	15 4	15	23
10 27 22	5	6	29	15 42	15	24
10 31 8	6	7	29	16 21	16	25
10 34 54	7	8	♏	17 0	17	26
10 38 40	8	9	1	17 39	18	27
10 42 25	9	10	2	18 17	18	28
10 46 9	10	11	2	18 55	19	29
10 49 53	11	11	3	19 34	20	♒
10 53 37	12	12	4	20 13	21	1
10 57 20	13	13	4	20 52	22	2
11 1 3	14	14	5	21 30	22	3
11 4 46	15	15	6	22 8	23	5
11 8 28	16	16	7	22 46	24	6
11 11 52	17	16	7	23 25	25	7
11 15 29	18	17	8	24 4	26	8
11 19 34	19	18	9	24 42	26	9
11 23 15	20	19	9	25 21	27	10
11 26 56	21	20	10	25 59	28	11
11 30 37	22	20	11	26 38	29	12
11 34 18	23	21	12	27 16	♑	13
11 37 58	24	22	12	27 54	1	14
11 41 39	25	23	13	28 33	1	15
11 45 19	26	24	14	29 11	2	16
11 49 0	27	25	14	29 50	3	17
11 52 40	28	26	15	0♐30	4	18
11 56 20	29	26	16	1 9	5	20
12 0 0	30	27	16	1 48	6	21

TABLES OF HOUSES FOR LIVERPOOL, Latitude 53° 25' N.

Sidereal Time H.M.S.	10 ♎	11 ♎	12 ♏	Ascen ♐	2 ♑	3 ♒	Sidereal Time H.M.S.	10 ♏	11 ♏	12 ♐	Ascen ♐	2 ♒	3 ♓	Sidereal Time H.M.S.	10 ♐	11 ♐	12 ♑	Ascen ♑	2 ♓	3 ♉
12 0 0	0	27	16	1 48	6	21	13 51 37	0	21	8	23 6	8	27	15 51 15	0	17	4	24 15	26	7
12 3 40	1	28	17	2 27	7	22	13 55 27	1	22	9	23 55	9	28	15 55 25	1	18	5	25 41	28	8
12 7 20	2	29	18	3 6	8	23	13 59 17	2	23	10	24 43	10	♈	15 59 36	2	19	6	27 10	♈	9
12 11 0	3	♏	18	3 46	9	24	14 3 8	3	24	10	25 33	12	1	16 3 48	3	20	7	28 41	2	10
12 14 41	4	0	19	4 25	10	25	14 6 59	4	25	11	26 23	13	2	16 8 0	4	21	8	0 ♒ 14	4	12
12 18 21	5	1	20	5 6	10	26	14 10 51	5	26	12	27 14	15	4	16 12 13	5	22	9	1 50	5	13
12 22 2	6	2	21	5 46	11	28	14 14 44	6	26	13	28 6	16	5	16 16 26	6	23	10	3 30	7	14
12 25 42	7	3	21	6 26	12	29	14 18 37	7	27	13	28 59	18	6	16 20 40	7	24	11	5 13	9	15
12 29 23	8	4	22	7 6	13	♑	14 22 31	8	28	14	29 52	19	8	16 24 55	8	25	12	6 58	11	17
12 33 4	9	4	23	7 46	14	1	14 26 25	9	29	15	0 ♈ 46	20	9	16 29 10	9	26	13	8 46	13	18
12 36 45	10	5	24	8 27	15	2	14 30 20	10	♐	16	1 41	22	10	16 33 26	10	27	14	10 38	15	19
12 40 26	11	6	24	9 8	16	3	14 34 16	11	1	17	2 36	23	11	16 37 42	11	28	15	12 32	17	20
12 44 12	12	7	25	9 49	17	5	14 38 13	12	2	18	3 33	25	13	16 41 59	12	29	16	14 31	19	22
12 47 50	13	8	26	10 30	18	6	14 42 10	13	2	18	4 30	26	14	16 46 16	13	♑	18	16 33	20	23
12 51 32	14	9	26	11 12	19	7	14 46 8	14	3	19	5 29	28	16	16 50 34	14	1	19	18 40	22	24
12 55 14	15	9	27	11 54	20	8	14 50 7	15	4	20	6 29	♈	17	16 54 52	15	2	20	20 50	24	25
12 58 57	16	10	28	12 36	21	10	14 54 7	16	5	21	7 30	1	18	16 59 10	16	3	21	23 4	26	26
13 2 40	17	11	28	13 19	22	11	14 58 7	17	6	22	8 32	3	20	17 3 29	17	4	22	25 21	28	28
13 6 23	18	12	29	14 2	23	12	15 2 23	18	7	23	9 35	5	21	17 7 49	18	5	24	27 42	29	29
13 10 7	19	13	♐	14 45	25	13	15 6 9	19	8	24	10 39	6	22	17 12 9	19	6	25	0 ♓ 8	♉	♊
13 13 51	20	13	1	15 28	26	15	15 10 12	20	8	24	11 45	8	23	17 16 29	20	7	26	2 37	3	1
13 17 35	21	14	1	16 12	27	16	15 14 15	21	9	25	12 52	10	25	17 20 49	21	8	28	5 10	5	3
13 21 20	22	15	2	16 56	28	17	15 18 19	22	10	26	14 1	11	26	17 25 9	22	9	29	7 46	6	4
13 25 6	23	16	3	17 41	29	18	15 22 23	23	11	27	15 11	13	27	17 29 30	23	10	♒	10 24	8	5
13 28 52	24	17	4	18 26	♒	19	15 26 29	24	12	28	16 23	15	29	17 33 51	24	11	2	13 7	10	6
13 32 38	25	17	4	19 11	1	21	15 30 35	25	13	29	17 37	17	♉	17 38 12	25	12	3	15 52	11	7
13 36 25	26	18	5	19 57	3	22	15 34 41	26	14	♑	18 53	19	1	17 42 34	26	13	4	18 38	13	8
13 40 12	27	19	6	20 44	4	23	15 38 49	27	15	1	20 10	21	3	17 46 55	27	14	6	21 27	15	9
13 44 0	28	20	7	21 31	5	24	15 42 57	28	16	2	21 29	22	4	17 51 17	28	15	7	24 17	16	10
13 47 48	29	21	7	22 18	7	26	15 47 6	29	16	3	22 51	24	5	17 55 38	29	16	9	27 8	18	12
13 51 37	30	21	8	23 6	8	27	15 51 15	30	17	4	24 15	26	7	18 0 0	30	17	11	30 0	19	13

Sidereal Time H.M.S.	10 ♑	11 ♑	12 ♒	Ascen ♈	2 ♉	3 ♊	Sidereal Time H.M.S.	10 ♒	11 ♒	12 ♈	Ascen ♊	2 ♊	3 ♋	Sidereal Time H.M.S.	10 ♓	11 ♈	12 ♉	Ascen ♋	2 ♋	3 ♌
18 0 0	0	17	11	0 0	19	13	20 8 45	0	23	4	5 45	26	13	22 8 23	0	3	22	6 54	22	8
18 4 22	1	18	12	2 52	21	14	20 12 54	1	25	6	7 42	27	14	22 12 12	1	4	23	7 42	23	9
18 8 43	2	20	14	5 43	23	15	20 17 3	2	26	8	8 31	28	14	22 16 0	2	5	25	8 29	23	10
18 13 5	3	21	15	8 33	24	16	20 21 11	3	27	9	9 50	29	15	22 19 48	3	7	26	9 16	24	11
18 17 26	4	22	17	11 22	25	17	20 25 17	4	29	11	11 7	♋	16	22 23 35	4	8	27	10 3	25	12
18 21 48	5	23	19	14 8	27	17	20 29 26	5	♈	13	12 23	1	17	22 27 22	5	9	29	10 49	26	13
18 26 9	6	24	20	16 53	28	19	20 33 31	6	1	15	13 37	2	18	22 31 8	6	11	♊	11 34	26	13
18 30 30	7	25	22	19 36	♊	20	20 37 37	7	3	17	14 49	3	19	22 34 54	7	12	1	12 19	27	14
18 34 51	8	26	24	22 14	1	21	20 41 41	8	4	19	15 59	4	19	22 38 40	8	13	2	13 3	28	15
18 39 11	9	27	25	24 50	2	22	20 45 45	9	5	20	17 8	5	20	22 42 25	9	14	3	13 48	29	16
18 43 31	10	29	27	27 23	4	23	20 49 48	10	7	22	18 19	6	22	22 46 9	10	16	4	14 32	29	17
18 47 51	11	♒	28	29 52	5	24	20 53 51	11	8	24	19 21	7	22	22 49 53	11	17	5	15 15	♌	17
18 52 11	12	1	♓	2 ♉ 8	6	25	20 57 52	12	10	25	20 22	7	23	22 53 37	12	18	7	15 58	1	18
18 56 31	13	2	2	4 39	8	26	21 1 53	13	11	27	21 28	8	24	22 57 20	13	19	8	16 41	2	19
19 0 50	14	4	4	6 56	9	27	21 5 53	14	12	29	22 30	9	25	23 1 3	14	20	9	17 24	2	20
19 5 8	15	5	6	9 10	10	28	21 9 53	15	13	♉	23 30	10	26	23 4 46	15	22	10	18 6	3	21
19 9 26	16	6	8	11 20	11	29	21 13 52	16	15	2	24 31	11	27	23 8 28	16	23	11	18 48	4	21
19 13 44	17	7	10	13 27	12	♋	21 17 50	17	16	4	25 30	12	28	23 12 10	17	24	12	19 30	4	22
19 18 1	18	8	11	15 29	14	1	21 21 47	18	17	5	26 27	13	28	23 15 52	18	25	13	20 11	5	23
19 22 18	19	9	13	17 28	15	2	21 25 44	19	18	7	27 24	13	29	23 19 34	19	27	14	20 52	6	24
19 26 34	20	11	15	19 22	16	3	21 29 40	20	20	8	28 19	14	♌	23 23 15	20	28	15	21 33	6	25
19 30 50	21	12	17	21 11	17	4	21 33 29	21	21	10	29 14	15	1	23 26 56	21	29	16	22 14	7	25
19 35 5	22	13	19	23 2	18	5	21 37 29	22	22	11	0 ♋ 8	16	2	23 30 37	22	♉	17	22 54	8	26
19 39 20	23	15	21	24 47	19	6	21 41 23	23	24	12	1 1	17	3	23 34 18	23	1	18	23 34	9	27
19 43 34	24	16	23	26 30	20	7	21 45 16	24	25	14	1 54	17	4	23 37 58	24	2	19	24 14	9	28
19 47 47	25	17	25	28 10	21	8	21 49 9	25	26	15	2 46	18	4	23 41 39	25	4	20	24 54	10	29
19 52 0	26	18	26	29 49	22	9	21 53 3	26	27	16	3 37	19	5	23 45 19	26	5	21	25 35	11	♍
19 56 12	27	20	28	1 ♊ 19	23	10	21 56 52	27	29	18	4 27	20	6	23 49 2	27	6	22	26 14	12	1
20 0 24	28	21	♈	2 50	24	11	22 0 43	28	♉	20	5 17	20	7	23 52 40	28	7	22	26 54	12	1
20 4 35	29	22	2	4 19	25	12	22 4 33	29	2	21	6 5	21	8	23 56 20	29	8	23	27 33	13	2
20 8 45	30	23	4	5 45	26	13	22 8 23	30	3	22	6 54	22	8	24 0 0	30	9	24	28 12	14	3

TABLES OF HOUSES FOR NEW YORK, Latitude 40° 43' N.

Sidereal Time H. M. S.	10 ♈	11 ♉	12 ♊	Ascen ♋	2 ♌	3 ♍
0 0 0	0	6	15	18 53	8	1
0 3 40	1	7	16	19 38	9	2
0 7 20	2	8	17	20 23	10	3
0 11 0	3	9	18	21 12	11	4
0 14 41	4	11	19	21 55	12	5
0 18 21	5	12	20	22 40	12	5
0 22 2	6	13	21	23 24	13	6
0 25 42	7	14	22	24 8	14	7
0 29 23	8	15	23	24 54	15	8
0 33 4	9	16	23	25 37	15	9
0 36 45	10	17	24	26 22	16	10
0 40 26	11	18	25	27 5	17	11
0 44 8	12	19	26	27 50	18	12
0 47 50	13	20	27	28 33	19	13
0 51 32	14	21	28	29 18	19	13
0 55 14	15	22	28	0♌ 3	20	14
0 58 57	16	23	29	0 46	21	15
1 2 40	17	24	♋	1 31	22	16
1 6 23	18	25	1	2 14	22	17
1 10 7	19	26	2	2 58	23	18
1 13 51	20	27	3	3 43	24	19
1 17 35	21	28	3	4 27	25	20
1 21 20	22	29	4	5 12	25	21
1 25 6	23	♊	5	5 56	26	22
1 28 52	24	1	6	6 40	27	22
1 32 38	25	2	7	7 25	28	23
1 36 25	26	2	8	8 9	29	24
1 40 12	27	3	9	8 53	♍	25
1 44 0	28	4	10	9 38	1	26
1 47 48	29	5	10	10 24	1	27
1 51 37	30	6	11	11 8	2	28

Sidereal Time H. M. S.	10 ♉	11 ♊	12 ♋	Ascen ♌	2 ♍	3 ♎
1 51 37	0	6	11	11 8	2	28
1 55 27	1	7	12	11 53	3	29
1 59 17	2	8	13	12 38	4	♎
2 3 8	3	9	14	13 22	5	1
2 6 59	4	10	15	14 8	5	2
2 10 51	5	11	15	14 53	6	3
2 14 44	6	12	16	15 39	7	4
2 18 37	7	13	17	16 24	8	4
2 22 31	8	14	18	17 10	9	5
2 26 25	9	15	19	17 56	10	6
2 30 20	10	16	20	18 41	10	7
2 34 16	11	17	20	19 27	11	8
2 38 13	12	18	21	20 14	12	9
2 42 10	13	19	22	21 0	13	10
2 46 8	14	19	23	21 47	14	11
2 50 7	15	20	24	22 33	15	12
2 54 7	16	21	25	23 20	16	13
2 58 7	17	22	25	24 7	17	14
3 2 8	18	23	26	24 54	17	15
3 6 9	19	24	27	25 42	18	16
3 10 12	20	25	28	26 29	19	17
3 14 15	21	26	29	27 17	20	18
3 18 19	22	27	♌	28 1	21	19
3 22 23	23	28	1	28 52	22	20
3 26 29	24	29	1	29 40	23	21
3 30 35	25	♋	2	0♍29	24	22
3 34 41	26	1	3	1 17	24	23
3 38 49	27	2	4	2 6	25	24
3 42 57	28	3	4	2 55	26	25
3 47 6	29	4	6	3 43	27	26
3 51 15	30	5	7	4 32	28	27

Sidereal Time H. M. S.	10 ♊	11 ♋	12 ♌	Ascen ♍	2 ♍	3 ♎
3 51 15	0	5	7	4 32	28	27
3 55 25	1	6	8	5 22	29	28
3 59 36	2	6	8	6 10	♎	29
4 3 48	3	7	9	7 0	1	♏
4 8 0	4	8	10	7 49	2	1
4 12 13	5	9	11	8 40	3	2
4 16 26	6	10	12	9 30	4	3
4 20 40	7	11	13	10 19	4	4
4 24 55	8	12	14	11 10	5	5
4 29 10	9	13	15	12 0	6	6
4 33 26	10	14	16	12 51	7	7
4 37 42	11	15	16	13 41	8	8
4 41 59	12	16	17	14 32	9	9
4 46 16	13	17	18	15 23	10	10
4 50 34	14	18	19	16 14	11	11
4 54 52	15	19	20	17 5	12	12
4 59 10	16	20	21	17 56	13	13
5 3 29	17	21	22	18 47	14	14
5 7 49	18	22	23	19 39	15	15
5 12 9	19	23	24	20 30	16	16
5 16 29	20	24	25	21 22	17	17
5 20 49	21	25	25	22 13	18	18
5 25 9	22	26	26	23 5	18	19
5 29 30	23	27	27	23 57	19	20
5 33 51	24	28	28	24 49	20	21
5 38 12	25	29	29	25 40	21	22
5 42 34	26	♌	♍	26 32	22	22
5 46 55	27	1	1	27 25	23	23
5 51 17	28	2	2	28 16	24	24
5 55 38	29	3	3	29 8	25	25
6 0 0	30	4	4	30 0	26	26

Sidereal Time H. M. S.	10 ♋	11 ♌	12 ♍	Ascen ♎	2 ♎	3 ♏
6 0 0	0	4	4	0 0	26	26
6 4 22	1	5	5	0 52	27	27
6 8 43	2	6	6	1 44	28	28
6 13 5	3	6	7	2 35	29	29
6 17 26	4	7	8	3 28	♏	♐
6 21 48	5	8	9	4 20	1	1
6 26 9	6	9	10	5 11	2	2
6 30 30	7	10	11	6 3	3	3
6 34 51	8	11	12	6 55	3	4
6 39 11	9	12	13	7 47	4	5
6 43 31	10	13	14	8 38	5	6
6 47 51	11	14	15	9 30	6	7
6 52 11	12	15	15	10 21	7	8
6 56 31	13	16	16	11 13	8	9
7 0 50	14	17	17	12 4	9	10
7 5 8	15	18	18	12 55	10	10
7 9 26	16	19	19	13 46	11	12
7 13 44	17	20	20	14 37	12	13
7 18 1	18	21	21	15 28	13	14
7 22 18	19	22	22	16 19	14	15
7 26 34	20	23	23	17 9	14	16
7 30 50	21	24	23	18 0	15	17
7 35 5	22	25	24	18 50	16	18
7 39 20	23	26	25	19 41	17	19
7 43 34	24	27	26	20 30	18	20
7 47 47	25	28	27	21 20	19	21
7 52 0	26	29	28	22 11	20	22
7 56 12	27	♍	29	23 0	21	23
8 0 24	28	1	♎	23 50	21	24
8 4 35	29	2	1	24 38	22	24
8 8 45	30	3	2	25 28	23	25

Sidereal Time H. M. S.	10 ♌	11 ♍	12 ♎	Ascen ♎	2 ♏	3 ♐
8 8 45	0	3	2	25 28	23	25
8 12 54	1	4	3	26 17	24	26
8 17 3	2	5	4	27 5	25	27
8 21 11	3	6	5	27 54	26	28
8 25 19	4	7	6	28 43	27	29
8 29 26	5	8	7	29 31	28	♐
8 33 31	6	9	7	0♏20	28	1
8 37 37	7	10	8	1 8	29	2
8 41 41	8	11	9	1 56	♐	3
8 45 45	9	12	10	2 43	1	4
8 49 48	10	13	11	3 31	2	5
8 53 51	11	14	12	4 18	3	6
8 57 52	12	15	12	5 6	4	7
9 1 53	13	16	13	5 53	5	8
9 5 53	14	17	14	6 40	5	9
9 9 53	15	18	15	7 27	6	10
9 13 52	16	19	16	8 13	7	10
9 17 50	17	20	17	9 0	8	11
9 21 47	18	21	18	9 46	9	12
9 25 44	19	22	19	10 33	10	13
9 29 40	20	23	19	11 19	10	14
9 33 35	21	24	20	12 4	11	15
9 37 29	22	24	21	12 50	12	16
9 41 23	23	25	22	13 34	13	17
9 45 16	24	26	23	14 21	14	17
9 49 9	25	27	24	15 7	15	19
9 53 1	26	28	24	15 53	16	19
9 56 52	27	29	25	16 38	16	21
10 0 43	28	♎	26	17 22	17	22
10 4 33	29	1	27	18 7	18	23
10 8 23	30	2	28	18 52	19	24

Sidereal Time H. M. S.	10 ♍	11 ♎	12 ♎	Ascen ♏	2 ♐	3 ♑
10 8 23	0	2	28	18 52	19	24
10 12 12	1	3	29	19 36	20	25
10 16 0	2	4	29	20 22	20	26
10 19 48	3	5	♏	21 7	21	27
10 23 35	4	6	1	21 51	22	28
10 27 22	5	7	1	22 35	23	28
10 31 8	6	7	2	23 20	24	29
10 34 54	7	8	3	24 4	25	♑
10 38 40	8	9	4	24 48	25	1
10 42 25	9	10	5	25 33	26	2
10 46 9	10	11	6	26 17	27	3
10 49 53	11	12	7	27 2	28	4
10 53 37	12	13	7	27 46	29	5
10 57 20	13	14	8	28 29	♑	6
11 1 3	14	15	9	29 14	1	7
11 4 46	15	16	10	29 57	1	9
11 8 28	16	17	11	0♐42	2	9
11 11 12	17	17	11	1 27	3	10
11 15 52	18	18	12	2 10	4	11
11 19 34	19	19	13	2 55	5	12
11 23 15	20	20	14	3 38	6	13
11 26 56	21	21	14	4 23	7	14
11 30 37	22	22	15	5 6	7	15
11 34 18	23	23	16	5 52	8	16
11 37 58	24	23	17	6 36	9	17
11 41 39	25	24	18	7 20	10	18
11 45 19	26	25	18	8 5	11	19
11 49 0	27	26	19	8 48	12	20
11 52 40	28	27	20	9 37	13	22
11 56 20	29	28	21	10 22	14	23
12 0 0	30	29	21	11 7	15	24

TABLES OF HOUSES FOR NEW YORK, Latitude 40º 43' N.

Sidereal Time H. M. S.	10 ♎	11 ♎	12 ♏	Ascen ♐	2 ♑	3 ♒
12 0 0	0	29	21	11 7	15	24
12 3 40	1	♏	22	11 52	16	25
12 7 20	2	1	23	12 37	17	26
12 11 0	3	1	24	13 19	17	27
12 14 41	4	2	25	14 7	18	28
12 18 21	5	3	25	14 52	19	29
12 22 2	6	4	26	15 38	20	♓
12 25 42	7	5	27	16 23	21	1
12 29 23	8	6	28	17 11	22	2
12 33 4	9	6	28	17 58	23	3
12 36 45	10	7	29	18 45	24	4
12 40 26	11	8	♐	19 32	25	5
12 44 8	12	9	1	20 20	26	7
12 47 50	13	10	2	21 8	27	8
12 51 32	14	11	2	21 57	28	9
12 55 14	15	12	3	22 43	29	11
12 58 57	16	13	4	23 33	♒	11
13 2 40	17	13	5	24 22	1	12
13 6 23	18	14	6	25 11	2	13
13 10 7	19	15	7	26 1	3	15
13 13 51	20	16	7	26 51	5	16
13 17 35	21	17	8	27 40	6	17
13 21 20	22	18	9	28 32	7	18
13 25 6	23	19	10	29 23	8	19
13 28 52	24	19	10	0♐14	9	20
13 32 38	25	20	11	1 7	10	21
13 36 25	26	21	12	2 0	11	23
13 40 12	27	22	13	2 52	12	24
13 44 0	28	23	13	3 46	13	25
13 47 48	29	24	14	4 41	15	26
13 51 37	30	25	15	5 35	16	27

Sidereal Time H. M. S.	10 ♏	11 ♏	12 ♐	Ascen ♑	2 ♒	3 ♓
13 51 37	0	25	15	5 35	16	27
13 55 27	1	25	16	6 30	17	29
13 59 17	2	26	17	7 27	18	♈
14 3 8	3	27	18	8 23	20	1
14 6 59	4	28	18	9 20	21	2
14 10 51	5	29	19	10 18	22	3
14 14 44	6	♐	20	11 16	23	5
14 18 37	7	1	21	12 15	24	6
14 22 31	8	2	22	13 15	26	7
14 26 25	9	2	23	14 16	27	8
14 30 20	10	3	24	15 17	28	9
14 34 16	11	4	24	16 19	♓	11
14 38 13	12	5	25	17 23	1	12
14 42 10	13	6	26	18 27	2	13
14 46 8	14	7	27	19 32	4	14
14 50 7	15	8	28	20 37	5	16
14 54 7	16	9	29	21 44	6	17
14 58 7	17	10	♑	22 51	8	18
15 2 8	18	10	1	23 59	9	19
15 6 9	19	11	2	25 9	11	20
15 10 12	20	12	3	26 19	12	21
15 14 15	21	13	4	27 31	13	23
15 18 19	22	14	5	28 43	14	24
15 22 23	23	15	6	29 57	16	25
15 26 29	24	16	6	1♒14	18	26
15 30 35	25	17	7	2 28	19	28
15 34 41	26	18	8	3 46	21	29
15 38 49	27	19	9	5 5	22	♉
15 42 57	28	20	10	6 25	24	1
15 47 6	29	21	11	7 46	25	3
15 51 15	30	21	13	9 8	27	4

Sidereal Time H. M. S.	10 ♐	11 ♐	12 ♑	Ascen ♒	2 ♓	3 ♉
15 51 15	0	21	13	9 8	27	4
15 55 25	1	22	14	10 31	28	5
15 59 36	2	23	15	11 56	♈	6
16 3 48	3	24	16	13 23	1	7
16 8 0	4	25	17	14 50	3	9
16 12 13	5	26	18	16 9	4	10
16 16 26	6	27	19	17 50	6	11
16 20 40	7	28	20	19 22	7	12
16 24 55	8	29	21	20 56	9	13
16 29 10	9	♑	22	22 30	11	15
16 33 26	10	1	23	24 7	12	16
16 37 42	11	2	24	25 44	14	17
16 41 59	12	3	26	27 23	15	18
16 46 16	13	4	27	29 4	17	19
16 50 34	14	5	28	0♓45	18	20
16 54 52	15	6	29	2 27	20	22
16 59 10	16	7	♒	4 11	21	23
17 3 29	17	8	2	5 56	23	24
17 7 49	18	9	3	7 43	24	25
17 12 9	19	10	4	9 30	26	26
17 16 29	20	11	5	11 18	27	27
17 20 49	21	12	7	13 8	29	28
17 25 9	22	13	8	14 57	♉	♊
17 29 30	23	14	9	16 48	2	1
17 33 51	24	15	10	18 41	3	2
17 38 12	25	16	12	20 33	5	3
17 42 34	26	17	13	22 25	6	4
17 46 55	27	19	14	24 19	7	5
17 51 17	28	20	16	26 12	9	6
17 55 38	29	21	17	28 7	10	7
18 0 0	30	22	18	30 0	12	9

Sidereal Time H. M. S.	10 ♑	11 ♑	12 ♒	Ascen ♈	2 ♉	3 ♊
18 0 0	0	22	18	0 0	12	9
18 4 22	1	23	20	1 53	13	10
18 8 43	2	24	21	3 48	14	11
18 13 5	3	25	23	5 41	16	12
18 17 26	4	26	24	7 35	17	13
18 21 48	5	27	25	9 27	18	14
18 26 9	6	28	27	11 19	20	15
18 30 30	7	29	28	13 12	21	16
18 34 51	8	♒	29	15 3	22	17
18 39 11	9	2	1	16 52	23	18
18 43 31	10	3	3	18 42	25	19
18 47 51	11	4	4	20 30	26	20
18 52 11	12	5	5	22 17	27	21
18 56 31	13	6	7	24 4	29	22
19 0 50	14	7	9	25 49	♊	23
19 5 8	15	9	10	27 33	1	24
19 9 26	16	10	12	29 15	2	25
19 13 44	17	11	13	0♉56	3	26
19 18 1	18	12	15	2 37	4	27
19 22 18	19	13	16	4 16	6	28
19 26 34	20	14	18	5 53	7	29
19 30 50	21	16	19	7 30	8	♋
19 35 5	22	17	21	9 4	9	1
19 39 20	23	18	22	10 38	10	2
19 43 34	24	19	24	12 10	11	3
19 47 47	25	20	25	13 41	12	4
19 52 0	26	21	27	15 13	13	5
19 56 12	27	23	29	16 37	14	6
20 0 24	28	24	♈	18 4	15	7
20 4 35	29	25	2	19 29	16	8
20 8 45	30	26	3	20 52	17	9

Sidereal Time H. M. S.	10 ♒	11 ♒	12 ♈	Ascen ♉	2 ♊	3 ♋
20 8 45	0	26	3	20 52	17	9
20 12 54	1	27	5	22 14	18	10
20 17 3	2	29	6	23 35	19	11
20 21 11	3	♓	8	24 55	20	11
20 25 19	4	1	9	26 14	21	12
20 29 26	5	2	11	27 32	22	13
20 33 31	6	3	12	28 46	23	14
20 37 37	7	4	14	0♊11	24	15
20 41 41	8	6	15	1 17	25	16
20 45 25	9	7	16	2 29	26	17
20 49 48	10	8	18	3 41	27	18
20 53 51	11	10	19	4 51	28	19
20 57 52	12	11	21	6 1	29	20
21 1 53	13	12	22	7 9	♋	20
21 5 53	14	13	24	8 16	1	21
21 9 53	15	14	25	9 23	2	22
21 13 52	16	16	26	10 30	3	23
21 17 50	17	17	28	11 33	4	24
21 21 47	18	18	29	12 37	5	25
21 25 44	19	19	♉	13 41	6	26
21 29 40	20	21	2	14 43	6	27
21 33 35	21	22	3	15 44	7	28
21 37 29	22	23	4	16 45	8	28
21 41 23	23	24	6	17 45	9	29
21 45 16	24	25	7	18 44	10	♌
21 49 9	25	27	8	19 42	11	1
21 53 1	26	28	9	20 40	12	2
21 56 52	27	29	11	21 37	12	3
22 0 43	28	♈	12	22 33	13	4
22 4 33	29	1	13	23 30	14	5
22 8 23	30	3	14	24 25	15	5

Sidereal Time H. M. S.	10 ♓	11 ♈	12 ♉	Ascen ♊	2 ♋	3 ♌
22 8 23	0	3	14	24 25	15	5
22 12 12	1	4	15	25 19	16	6
22 16 0	2	5	17	26 14	17	7
22 19 48	3	6	18	27 8	17	8
22 23 35	4	7	19	28 0	18	9
22 27 22	5	8	20	28 53	19	10
22 31 8	6	10	21	29 46	20	11
22 34 54	7	11	22	0♋37	21	11
22 38 40	8	12	23	1 28	21	12
22 42 25	9	13	24	2 20	22	13
22 46 9	10	14	25	3 9	23	14
22 49 53	11	15	27	3 59	24	15
22 53 37	12	17	28	4 49	25	16
22 57 20	13	18	29	5 38	25	17
23 1 3	14	19	♊	6 27	26	17
23 4 46	15	20	2	7 17	27	18
23 8 28	16	21	2	8 3	28	19
23 12 10	17	22	3	8 52	28	20
23 15 52	18	23	4	9 40	29	21
23 19 34	19	24	5	10 28	♌	22
23 23 15	20	26	6	11 15	1	23
23 26 56	21	27	7	12 2	2	23
23 30 37	22	28	8	12 49	2	24
23 34 0	23	29	9	13 27	3	25
23 37 58	24	♉	10	14 22	4	26
23 41 39	25	1	11	15 8	5	27
23 45 19	26	2	12	15 53	6	28
23 49 0	27	3	12	16 41	6	29
23 52 40	28	4	13	17 23	7	29
23 56 20	29	5	14	18 8	8	♍
24 0 0	30	6	15	18 53	9	1

PROPORTIONAL LOGARITHMS FOR FINDING THE PLANETS' PLACES

DEGREES OR HOURS

Min	0	1	2	3	4	5	6	7	8	9	10	11	12	13	14	15	Min
0	3.1584	1.3802	1.0792	9031	7781	6812	6021	5351	4771	4260	3802	3388	3010	2663	2341	2041	0
1	3.1584	1.3730	1.0756	9007	7763	6798	6009	5341	4762	4252	3795	3382	3004	2657	2336	2036	1
2	2.8573	1.3660	1.0720	8983	7745	6784	5997	5330	4753	4244	3788	3375	2998	2652	2330	2032	2
3	2.6812	1.3590	1.0685	8959	7728	6769	5985	5320	4744	4236	3780	3368	2992	2646	2325	2027	3
4	2.5563	1.3522	1.0649	8935	7710	6755	5973	5310	4735	4228	3773	3362	2986	2640	2320	2022	4
5	2.4594	1.3454	1.0614	8912	7692	6741	5961	5300	4726	4220	3766	3355	2980	2635	2315	2017	5
6	2.3802	1.3388	1.0580	8888	7674	6726	5949	5289	4717	4212	3759	3349	2974	2629	2310	2012	6
7	2.3133	1.3323	1.0546	8865	7657	6712	5937	5279	4708	4204	3752	3342	2968	2624	2305	2008	7
8	2.2553	1.3258	1.0511	8842	7639	6698	5925	5269	4699	4196	3745	3336	2962	2618	2300	2003	8
9	2.2041	1.3195	1.0478	8819	7622	6684	5913	5259	4690	4188	3737	3329	2956	2613	2295	1998	9
10	2.1584	1.3133	1.0444	8796	7604	6670	5902	5249	4682	4180	3730	3323	2950	2607	2289	1993	10
11	2.1170	1.3071	1.0411	8773	7587	6656	5890	5239	4673	4172	3723	3316	2944	2602	2284	1988	11
12	2.0792	1.3010	1.0378	8751	7570	6642	5878	5229	4664	4164	3716	3310	2938	2596	2279	1984	12
13	2.0444	1.2950	1.0345	8728	7552	6628	5866	5219	4655	4156	3709	3303	2933	2591	2274	1979	13
14	2.0122	1.2891	1.0313	8706	7535	6614	5855	5209	4646	4148	3702	3297	2927	2585	2269	1974	14
15	1.9823	1.2833	1.0280	8683	7518	6600	5843	5199	4638	4141	3695	3291	2921	2580	2264	1969	15
16	1.9542	1.2775	1.0248	8661	7501	6587	5832	5189	4629	4133	3688	3284	2915	2574	2259	1965	16
17	1.9279	1.2719	1.0216	8639	7484	6573	5820	5179	4620	4125	3681	3278	2909	2569	2254	1960	17
18	1.9031	1.2663	1.0185	8617	7467	6559	5809	5169	4611	4117	3674	3271	2903	2564	2249	1955	18
19	1.8796	1.2607	1.0153	8595	7451	6546	5797	5159	4603	4109	3667	3265	2897	2558	2244	1950	19
20	1.8573	1.2553	1.0122	8573	7434	6532	5786	5149	4594	4102	3660	3258	2891	2553	2239	1946	20
21	1.8361	1.2499	1.0091	8552	7417	6519	5774	5139	4585	4094	3653	3252	2885	2547	2234	1941	21
22	1.8159	1.2445	1.0061	8530	7401	6505	5763	5129	4577	4086	3646	3246	2880	2542	2229	1936	22
23	1.7966	1.2393	1.0030	8509	7384	6492	5752	5120	4568	4079	3639	3239	2874	2536	2223	1932	23
24	1.7781	1.2341	1.0000	8487	7368	6478	5740	5110	4559	4071	3632	3233	2868	2531	2218	1927	24
25	1.7604	1.2289	0.9970	8466	7351	6465	5729	5100	4551	4063	3625	3227	2862	2526	2213	1922	25
26	1.7434	1.2239	0.9940	8445	7335	6451	5718	5090	4542	4055	3618	3220	2856	2520	2208	1917	26
27	1.7270	1.2188	0.9910	8424	7318	6438	5706	5081	4534	4048	3611	3214	2850	2515	2203	1913	27
28	1.7112	1.2139	0.9881	8403	7302	6425	5695	5071	4525	4040	3604	3208	2845	2509	2198	1908	28
29	1.6960	1.2090	0.9852	8382	7286	6412	5684	5061	4516	4032	3597	3201	2839	2504	2193	1903	29
30	1.6812	1.2041	0.9823	8361	7270	6398	5673	5051	4508	4025	3590	3195	2833	2499	2188	1899	30
31	1.6670	1.1993	0.9794	8341	7254	6385	5662	5042	4499	4017	3583	3189	2827	2493	2183	1894	31
32	1.6532	1.1946	0.9765	8320	7238	6372	5651	5032	4491	4010	3576	3183	2821	2488	2178	1889	32
33	1.6398	1.1899	0.9737	8300	7222	6359	5640	5023	4482	4002	3570	3176	2816	2483	2173	1885	33
34	1.6269	1.1852	0.9708	8279	7206	6346	5629	5013	4474	3994	3563	3170	2810	2477	2168	1880	34
35	1.6143	1.1806	0.9680	8259	7190	6333	5618	5003	4466	3987	3556	3164	2804	2472	2164	1875	35
36	1.6021	1.1761	0.9652	8239	7174	6320	5607	4994	4457	3979	3549	3157	2798	2467	2159	1871	36
37	1.5902	1.1716	0.9625	8219	7159	6307	5596	4984	4449	3972	3542	3151	2793	2461	2154	1866	37
38	1.5786	1.1671	0.9597	8199	7143	6294	5585	4975	4440	3964	3535	3145	2787	2456	2149	1862	38
39	1.5673	1.1627	0.9570	8179	7128	6282	5574	4965	4432	3957	3529	3139	2781	2451	2144	1857	39
40	1.5563	1.1584	0.9542	8159	7112	6269	5563	4956	4424	3949	3522	3133	2775	2445	2139	1852	40
41	1.5456	1.1540	0.9515	8140	7097	6256	5552	4947	4415	3942	3515	3126	2770	2440	2134	1848	41
42	1.5351	1.1498	0.9488	8120	7081	6243	5541	4937	4407	3934	3508	3120	2764	2435	2129	1843	42
43	1.5249	1.1455	0.9462	8101	7066	6231	5531	4928	4399	3927	3501	3114	2758	2430	2124	1838	43
44	1.5149	1.1413	0.9435	8081	7050	6218	5520	4918	4390	3919	3495	3108	2753	2424	2119	1834	44
45	1.5051	1.1372	0.9409	8062	7035	6205	5509	4909	4382	3912	3488	3102	2747	2419	2114	1829	45
46	1.4956	1.1331	0.9383	8043	7020	6193	5498	4900	4374	3905	3481	3096	2741	2414	2109	1825	46
47	1.4863	1.1290	0.9356	8023	7005	6180	5488	4890	4365	3897	3475	3089	2736	2409	2104	1820	47
48	1.4771	1.1249	0.9330	8004	6990	6168	5477	4881	4357	3890	3468	3083	2730	2403	2099	1816	48
49	1.4682	1.1209	0.9305	7985	6975	6155	5466	4872	4349	3882	3461	3077	2724	2398	2095	1811	49
50	1.4594	1.1170	0.9279	7966	6960	6143	5456	4863	4341	3875	3454	3071	2719	2393	2090	1806	50
51	1.4508	1.1130	0.9254	7947	6945	6131	5445	4853	4333	3868	3448	3065	2713	2388	2085	1802	51
52	1.4424	1.1091	0.9228	7929	6930	6118	5435	4844	4324	3860	3441	3059	2707	2382	2080	1797	52
53	1.4341	1.1053	0.9203	7910	6915	6106	5424	4835	4316	3853	3434	3053	2702	2377	2075	1793	53
54	1.4260	1.1015	0.9178	7891	6900	6094	5414	4826	4308	3846	3428	3047	2696	2372	2070	1788	54
55	1.4180	1.0977	0.9153	7873	6885	6081	5403	4817	4300	3838	3421	3041	2691	2367	2065	1784	55
56	1.4102	1.0939	0.9128	7854	6871	6069	5393	4808	4292	3831	3415	3034	2685	2362	2061	1779	56
57	1.4025	1.0902	0.9104	7836	6856	6057	5382	4798	4284	3824	3408	3028	2679	2356	2056	1774	57
58	1.3949	1.0865	0.9079	7818	6841	6045	5372	4789	4276	3817	3401	3022	2674	2351	2051	1770	58
59	1.3875	1.0828	0.9055	7800	6827	6033	5361	4780	4268	3809	3395	3016	2668	2346	2046	1765	59
	0	1	2	3	4	5	6	7	8	9	10	11	12	13	14	15	

RULE: – Add proportional log. of planet's daily motion to log. of time from noon, and the sum will be the log. of the motion required. Add this to planet's place at noon, if time be p.m., but subtract if a.m., and the sum will be planet's true place. If Retrograde, subtract for p.m., but add for a.m.

What is the Long. of ☽ July 17, 2009 at 2.15 p.m.?

☽'s daily motion – 14° 12'

Prop. Log. of 14° 12' .... .2279

Prop. Log. of 2h. 15m. 1.0280

☽'s motion in 2h. 15m. = 1° 20' or Log. 1.2559

☽'s Long. = 21° ♉ 21' + 1° 20' = 22° ♉ 41'

The Daily Motions of the Sun, Moon, Mercury, Venus and Mars will be found on pages 26 to 28.